临界状态土力学

主编　赵成刚　刘　艳

扫描二维码，免费获取更多资源！

北京交通大学出版社
·北京·

内 容 简 介

一个好的理论或模型应该是理解和认识现实世界的一把钥匙，而临界状态土力学就是这样一把认识土的性质和行为的钥匙。临界状态土力学将土体的变形与强度问题有机地联系了起来，成为土力学发展史上的一个里程碑。作为现代土力学中具有基础性和重要性的一部分内容，国外已经出版了很多临界状态土力学教材，并将其作为土力学教学的重要内容，但国内目前却没有出版过这方面的中文教材。本书将详细介绍临界状态土力学的基础知识，主要内容包括：土的一般力学性质和体积变形特性、土的体积变形和剪切变形的关系、剑桥模型及三维主应力空间和平面应变状态下剑桥模型的拓展。通过对上述知识的学习，读者可以了解到如何用统一的理论框架去描述和预测土的变形和破坏行为，如何得到土体最基本的关系即土的本构关系。读者通过学习加深对土的工程性质的认识和理解，并为今后研究和创造性地开展土力学的应用提供理论基础。

图书在版编目（CIP）数据

临界状态土力学 / 赵成刚，刘艳主编. —北京：北京交通大学出版社，2021.6（2021.10 重印）

ISBN 978-7-5121-4461-3

Ⅰ. ① 临… Ⅱ. ① 赵… ② 刘… Ⅲ. ① 临界状态–土力学 Ⅳ. ① TU4

中国版本图书馆 CIP 数据核字（2021）第 099987 号

临界状态土力学
LINJIE ZHUANGTAI TULIXUE

责任编辑：严慧明

出版发行：北京交通大学出版社　　　　　电话：010–51686414　　http://www.bjtup.com.cn
地　　址：北京市海淀区高梁桥斜街 44 号　邮编：100044
印　刷　者：北京鑫海金澳胶印有限公司
经　　销：全国新华书店
开　　本：185 mm×260 mm　　印张：10.25　　字数：256 千字
版 印 次：2021 年 6 月第 1 版　　2021 年 10 月第 2 次印刷
定　　价：34.00 元

前　言

　　本书内容是我们正在编写的《高等土力学原理》一书中的一部分内容，它是现代土力学中具有基础性和重要性的内容，所以，需要岩土工程领域的研究人员和工程技术人员学习和掌握这方面的内容。确切地说，没有临界状态土力学的知识，就谈不上对现代土力学的认识和理解。而目前国内还未出版过这方面的中文教材，因此我们决定把临界状态土力学的内容单独拿出来提前出版。

　　作者在本科生教材《土力学原理（修订本）》一书的前言中指出："临界状态土力学是现代土力学的重要部分。这部分内容为今后研究和创造性地从事土力学的应用提供必要的理论基础。这部分内容在一般本科生土力学教材中是没有的，有些高等土力学教材虽然有剑桥模型的介绍，但多数都是从弹塑性本构模型的角度出发，仅把它作为一种数学模型加以介绍。目前有很多人把临界状态土力学仅理解为一种弹塑性本构模型（或剑桥模型）。这种理解是片面的，不利于对现代土力学的认识和理解。实际上，临界状态土力学为深入认识和描述土的行为和性质提供了理论基础。如果不是从这样一个角度去理解临界状态土力学，就很难深入地认识和把握现代土力学的实质。临界状态土力学和它的经典的、具有代表性的剑桥模型，从其数学的表达式和参数来看是简单的，但对于初学者来说，要深入理解它们却并非易事。"对于任何一门学科和知识而言，初学都未必是容易的，首先要熟悉它，不熟悉就谈不上理解和认识；在熟悉的基础上还要不断地、反复地咀嚼、品味、消化、吸收，使之成为一个协调的有机知识体系（而不是互不联系的碎片化知识），并变成自己的东西。只有如此，才能够学好。

　　本书的内容安排如下。

　　第1章主要介绍三维轴对称情况下的应力和应变、土的一般力学性质、正常固结土、土的体积变形。土的力学行为通常依赖于：土的类型，如砂土和黏土；土的密实程度（针对砂土）和应力历史（针对黏土，指超固结比）；土的排水条件，即排水和不排水条件；土目前状态所处的剪胀区或剪缩区。另外，本书还将介绍重塑土可能存在的状态及其区域，其中涉及如何划分土的状态和其边界面。这些内容所涉及的都是临界状态土力学中关于土性的内容。

　　第2章主要介绍临界状态土力学中关于土性的内容，即正常固结土的偏应力作用和体积变形、超固结土的偏应力作用和体积变形、砂土的偏应力作用和体积变形及状态边界面。

　　第3章主要介绍原始剑桥模型和修正剑桥模型。

　　第4章主要介绍三维主应力空间中土的屈服面和状态边界面以及平面应变问题。

第 5 章将讨论如何拓宽剑桥模型的使用范围及其进一步的发展。

本书的内容作者虽然已经讲授过二十年，但限于作者的认识和水平的局限性，书中难免有这样或那样的缺点和错误，希望读者批评、指正，以利于将来修订和改正。

本书获得北京交通大学土建学院出版基金的资助，并得到高亮院长、白雁副院长的鼓励和支持，在此表示感谢。

赵成刚　刘　艳
于北京交通大学新园
2020 年这一个不平凡的年份

目　　录

1 土的一般力学性质和体积变形

1.1 概　　述

不同人的脑中会有不同的哈姆雷特。临界状态土力学也存在类似的情况，不同人对临界状态土力学会有不同的理解和认识。有些人认为，临界状态土力学就是一个能够反映土的弹塑性的力学模型，即剑桥模型。也有些人认为，临界状态土力学能够较好地、较全面地描述土的性质。还有些人认为，临界状态土力学是弹塑性理论在土中的一个应用。而有些工程师则认为，临界状态土力学较为高深、难以掌握。

其实大家也不要把临界状态土力学想象得过于复杂，它只不过是针对重塑土的一种最简单的、初步的关于土的弹塑性理论。它为进一步研究和分析复杂的土的性质，并建立相应的模型打下了良好的基础。

本书作者对临界状态土力学的看法是：一个好的理论或模型应该是理解和认识现实世界的一把钥匙，而临界状态土力学就是这样一把认识土的性质和行为的钥匙。它提供了一个统一的、基于塑性力学的理论构架（具有科学理论基础），把剪切力和正压力作用与各向同性压缩和变形及强度联系在一起。并且通过它可以清楚地知道（排水和不排水加载时）土的正常固结、超固结行为及临界状态现象。它给出了从初始状态到临界状态之间的变形过程中的关系表达式，这种关系式是以三维轴对称的形式（而不是一维形式）表达的，可以较好地描述土的行为。这一理论从二维（三维轴对称情况）或三维更宽广的视角研究和探讨土的行为，由此拓宽和加深了对土的性质和行为的认识和理解。总体来看，临界状态土力学是弹塑性土力学的初步基础知识，它的理论基础是弹塑性力学理论，而不再是一些经验公式的集合。它仅提供了一个对土的力学行为进行分析的初步理论框架，还很粗糙、不成熟，有待不断地加以完善和发展。当然它还包括了一些超出一维情况的关于土性和剪切变形行为的认知，另外，它也为有限元在岩土工程中的应用打下基础。因此关于土的弹塑性基本性质，本章也会介绍一些。

为何需要临界状态土力学？这首先要考察 Terzaghi 时代（1925—1963 年）经典土力学存在哪些局限性。其局限性主要有以下几点：

（1）使用线弹性理论（荷载较小时可近似采用）计算土中应力，而用这种应力所计算出的沉降变形却是不可恢复的塑性变形；

（2）变形计算本质上是一维的；

（3）稳定计算不考虑变形，采用刚塑性模型（当允许较大变形时，破坏前的变形可以不计及）；

（4）变形和强度之间没有联系；

（5）存在很多经验公式，科学系统性和一致性较差。

为克服上述局限性，需要建立一种新的土力学理论。以 Roscoe 为代表的剑桥学派（1958—1968 年）为适合这种需要，建立了临界状态土力学。

学习临界状态土力学前，首先需要回答：为何要学习临界状态土力学？基于上述讨论，可以回答如下：

（1）加深对土的工程性质的认识和理解（统一的框架和二维的视角）；

（2）更好地反映土的实际行为（从一维扩展到二维）；

（3）具有更加科学的理论基础（基于塑性力学理论）；

（4）它是现代土力学本构模型的基础；

（5）它是岩土工程数值分析方法的基础。

Terzaghi 时代的经典土力学对变形的讨论主要是一维的沉降，强度主要是二维平面应变问题的莫尔-库仑强度理论。而基于弹塑性力学理论的临界状态土力学主要针对二维或三维问题展开，并且把变形和强度联系在一个框架内进行分析和讨论，这无疑会拓宽对土的性质和行为的认识和理解，并能够更好地反映土的实际行为。Terzaghi 的经典土力学中除了固结理论（不考虑渗流）外，基本就是一些经验公式的组合，很难入理论力学家的法眼。而临界状态土力学是基于弹塑性力学理论发展起来的，具有很好的理论基础。Terzaghi 时代之后出现的现代土力学本构模型，都不同程度地借鉴和参考了临界状态土力学所建立的剑桥模型。由此可以说，临界状态土力学是现代土力学本构模型的基础，并且也可以说，它是岩土工程（不包括岩石工程）数值分析方法的基础。通过上面这些讨论可以看出临界状态土力学在现代土力学发展中的重要地位和作用。

临界状态土力学是针对重塑的饱和土而建立的（以下除非特殊说明，所涉及的土都是指饱和土），因此通常仅适用于重塑土。然而，为何要特别针对重塑土呢？其原因和理由如下：

（1）重塑土针对同一特定土可以反复使用和反复实验，并可以消除复杂因素的影响（例如吸附、黏结等产生的结构性），由此可以研究重塑土的变化规律，发现很多现象，这些规律和现象可以用于发展土力学的基础理论，也可用于发展弹塑性本构模型；

（2）重塑土的工程性质简单，便于理论和数学描述，也便于建立本构方程；

（3）便于实验中实施；

（4）它是完全丧失结构性的土，其力学反应值是具有结构性土的下限值，如图 1.1 所示，而反映更复杂实际情况（具有结构性的）的模型可以在剑桥模型的基础上更进一步地去发展。

临界状态土力学选择有效应力作为饱和土强度和变形的控制变量，并基于有效应力原理建立了剑桥模型。当你阅读本书时，希望你最好学过弹塑性力学，当然这也不是必需的要求。

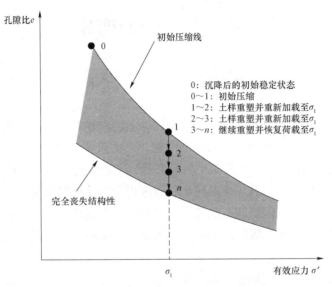

图 1.1 结构性对土体变形的影响

以前通常把各向同性压缩问题和剪切变形问题作为两个不同问题分别进行讨论和研究，而临界状态土力学则把这两个不同问题联系起来，作为一个统一的问题去处理，由此加深并拓宽了所研究问题的视野和思路。其物理机制就是经过各向同性体积压缩后，具有摩擦性质的土就越加密实，颗粒之间的接触点就越多，接触面积也就越大，其抵抗剪切作用的刚度和强度也就越大，这就是体积变化对剪切变形或剪切强度的影响所产生的机理。在三维 Roscoe 空间 $p':q:v$ 中统一研究土的压缩和剪切的变形行为就是明显的例证。

土力学中最经常使用的是静力平衡方程及变形协调和一致性条件。而土力学所遇到的问题通常多数是超定问题，就像结构力学中的超静定结构问题。解决这些问题若仅使用平衡方程，例如静力平衡方程，由于待求解的变量多于平衡方程的个数，因此是不能求解的。此时应该补充方程，以满足求解方程的需要，并还需要保证满足变形的协调和一致性条件。这种补充的方程通常就是本构方程。而土的本构方程在土力学中主要是指描述土的应力与应变关系的方程。所以本构关系的研究是土力学中的基础性研究。剑桥模型就是一种特殊的土的本构方程。一般而言，如果建立本构模型的方法是具有一般性或普遍性的方法，则土本身的特性是反映在本构模型的参数中的。因此，在实际应用中参数的好坏是非常重要的。

土力学有以下两个基本假定：

（1）应力作用（或应变）的基础单位面积或单位长度必须足够大，以包括足够多的土颗粒并具有统计、平均意义，使其具有典型性和代表性，即需要满足表征体元（土样）的要求；

（2）压应力为正的，即张应力为负的。

1.2　土的应力变量

下面除非特殊说明,主要针对力的作用所产生的变形和强度问题进行讨论。

通常土中各点的应力(指有效应力)都是不同的,而不同空间点的应力相等仅是特殊情况。空间各点的应力的不同,必然会使相应空间各点的应变和强度也不相同。

通常岩土工程都是三维问题。平面应变问题、一维压缩问题、二维的莫尔–库仑强度理论等都是三维问题的简化结果,这些简化假定都是为了处理问题的简单和容易。因此,一维、二维或三维轴对称的应力及与其相应的应变和强度也都是简化的结果。

对土的变形和强度性质的认识一般是通过简单应力形式作用下的实验研究而获得的。因此,对简单的一维、二维或三维轴对称的应力作用及其响应的研究是很重要的,属于基础性研究。

不同形式的应力作用(例如拉应力、压应力、剪应力、扭转应力、压剪应力等)下,土的变形和强度的响应也是不同的,应该探讨不同应力作用下土的不同响应。工程应用时,也应该注意土的不同应力作用及与其相应的不同响应,如拉剪应力作用及其响应。

1.3　三维轴对称情况下的应力和应变

由于三轴仪和三轴实验很普及,土力学中的很多概念、认识和想法都来自三轴实验或针对三维轴对称情况而建立。因此在建立土的本构模型或分析方法时,通常都以三维轴对称情况为基础而进行,然后再推广到其他情况。

把三轴仪中的压力室取出来(压力室内就是放置土样的装置),其简图如图 1.2 所示。

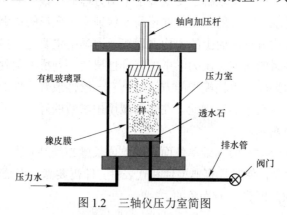

图 1.2　三轴仪压力室简图

图 1.2 中,压力室中的土样(就是典型的表征体元)是一个圆柱体。圆柱上面受到轴向压力 F_a,圆柱水平横截面面积为 A,因此圆柱上面受到轴向压应力 $\sigma_a = F_a / A$,圆柱侧向受到水施加的侧向围压作用 σ_r。土的各向同性围压 σ_r(三轴仪中的围压)作用的压缩和膨胀是

临界状态土力学的基础性问题。

各向同性围压 σ_r 也是临界状态土力学中应力作用的出发点，即初始应力状态。为何初始应力状态采用各向同性围压 σ_r（球应力）呢？这是因为：

（1）应力状态简单和便于应用；

（2）理论描述简单，即其初始应力状态就在坐标 p' 轴上，也就是说，初始应力点是在二维空间的 $v:p'$ 或 $q:p'$ 中的 p' 坐标轴上；

（3）很容易在三轴仪中施加；

（4）初始固结不是各向同性的情况可以用已经建立的临界状态土力学理论进行描述，但初始点不在 p' 坐标轴上。

所以，施加初始各向同性围压 $p_0=\sigma_r$ 进行固结，参见图 1.3（b）；再施加竖向压力，参见图 1.3（c），可得到如图 1.3（a）所示的应力状态，此时有

$$\sigma_a = \sigma_r + \frac{F_a}{A} \tag{1-1}$$

假定三轴仪施加的围压 σ_r 和竖向压应力 σ_a 作用截面上没有剪应力，所以通常围压和竖向压应力是主应力 $\sigma_3=\sigma_2=\sigma_r$ 和 $\sigma_1=\sigma_a$，参见图 1.4。也可能竖向压应力小于围压，此时则有 $\sigma_1=\sigma_2=\sigma_r$ 和 $\sigma_3=\sigma_a$。根据表征体元（土样）的要求，各种应力、应变和孔隙水压力等变量必须是一个常量，即平衡时土样内的这些变量不能变化。

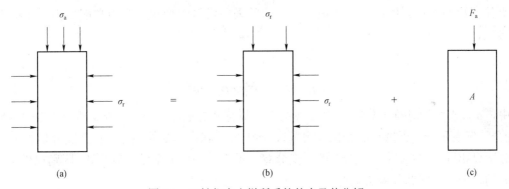

图 1.3　三轴仪中土样所受的外力及其分解

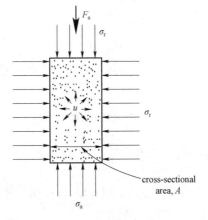

图 1.4　三轴仪中土样所受的应力作用

从力学的角度对机械功和能及力学行为进行研究和探讨，必然涉及物体材料的应力和应变。应力用于描述外力的作用，而应变是物体几何形状变化的度量。从热力学的角度，应力与应变应该是功对偶的变量，即应力与应变之积等于应力作用在与其对偶的应变变形上所做的变形功。这里讨论变形功时需注意：

（1）功的概念是比应力–应变更加基础和一般性的概念，是应力–应变存在的必要条件；

（2）应力和应变应该相互对偶和匹配，即它们之间应该相互协调、一致，并满足变形功的要求。

三维轴对称压缩情况中 $\sigma_2 = \sigma_3$，所以有两个完全独立的应力就可以完全描述三维轴对称情况下的应力状态，即

$$p' = (\sigma_1' + \sigma_2' + \sigma_3')/3 = (\sigma_1' + 2\sigma_3')/3 \qquad (1-2)$$

$$q = \sigma_1' - \sigma_3' = \sigma_1 - \sigma_3 \qquad (1-3)$$

式中，σ_i 为 i（$i = 1, 2, 3$）方向的主应力，上标 ′ 表示有效应力，p' 为平均有效压力（各向同性压力或球应力），q 为偏应力。

土力学中整个弹塑性变形过程很复杂，因此难以得到整个应力–应变的变化过程的全量形式的解。另外，岩土工程中相对于原存的自重荷载，附加的结构荷载是一步一步、逐渐加到土体上的，而不是一次加上去的。因而，土力学通常是关注加荷（附加荷载的增量）后土体变形的增量。所以，土弹塑性力学通常采用增量的形式，应力和应变都需要给出增量形式，即

$$\delta p' = (\delta \sigma_1' + 2\delta \sigma_3')/3 \qquad (1-4)$$

$$\delta q = \delta \sigma_1' - \delta \sigma_3' = \delta \sigma_1 - \delta \sigma_3 \qquad (1-5)$$

式中，δ 代表增量算符（变分），其运算与微分算符 d 的运算相同。另外，功和耗散的增量 δ（变分）仅表示一个无穷小的变化（增量），而非某一状态函数的微分，但其变分运算可以与微分运算相同。此时，δ（变分）的全变分算子不完全等价于全微分算符 d，区别在于 δ（变分）的积分一般与路径即历史有关。

通常三轴实验中先施加围压 $p_0 = \sigma_r$ 进行固结，然后再施加竖向压力，这也就等于施加偏应力 q：

$$q = \sigma_1 - \sigma_3 = \sigma_a - \sigma_r$$

在三维轴对称情况中有 $\varepsilon_2 = \varepsilon_3$，所以用两个完全独立的应变就可以完备地描述三维轴对称情况下的应变状态，即

$$\varepsilon_v = \varepsilon_1 + 2\varepsilon_3 \qquad (1-6)$$

$$\varepsilon_s = \frac{2}{3}(\varepsilon_1 - \varepsilon_3) \qquad (1-7)$$

式中，ε_v、ε_s 分别是体积应变和偏应变。式（1–7）右端项系数 $\frac{2}{3}$ 是由功对偶的关系得到的。即令 $\varepsilon_s = x(\varepsilon_1 - \varepsilon_3)$，代入下式：

$$W = \sigma_1' \cdot \varepsilon_1 + \sigma_2' \cdot \varepsilon_2 + \sigma_3' \cdot \varepsilon_3 = \sigma_1' \cdot \varepsilon_1 + 2\sigma_3' \cdot \varepsilon_3 = p \cdot \varepsilon_v + q \cdot \varepsilon_s$$

就可以计算得到 $x = \dfrac{2}{3}$。

按增量形式表示，式（1-6）和式（1-7）就变为

$$\delta\varepsilon_v = \delta\varepsilon_1 + 2\delta\varepsilon_3 \tag{1-8}$$

$$\delta\varepsilon_s = \frac{2}{3}(\delta\varepsilon_1 - \delta\varepsilon_3) \tag{1-9}$$

后面还将涉及体积应变增量表达式，在此一并导出，以便于应用。根据土力学比体积 v 的定义 $\left(v = \dfrac{V}{V_s} \right)$，通常假定固相体积 V_s 为常量且不变。由此可以得到采用 v 和 e 表示的体积应变增量表达式：

$$\varepsilon_v = -\frac{\delta V}{V} = -\frac{\delta(V_s v)}{V_s v} = -\frac{\delta v}{v} \tag{1-10}$$

$$\varepsilon_v = -\frac{\delta v}{v} = -\frac{\delta(1+e)}{1+e} = -\frac{\delta e}{1+e} \tag{1-11}$$

其中负号是由于采用了以压为正而导致的。注意体积应变 ε_v 的变化取决于体积增量 δV 的变化，即 ε_v 是 δV 的函数。但有时仅关注体积应变增量 $\delta\varepsilon_v$ 的变化，而仍然认为体积应变增量 $\delta\varepsilon_v$ 的变化取决于体积增量 δV 的变化，即 $\delta\varepsilon_v$ 是 δV 的函数。此时，可以认为有下式成立：

$$\delta\varepsilon_v = -\frac{\delta V}{V} = -\frac{\delta v}{v} = -\frac{\delta(1+e)}{1+e} = -\frac{\delta e}{1+e}$$

不同的仪器、不同的操作方式会导致实验结果之间产生一定的差别，这些差别与很多因素相关，例如仪器端部摩阻导致土样内部应力和应变的变异、边界的干扰导致宏观量的不均匀、柔性边界上应变难以测量等。

临界状态土力学通常是在 $p':q:v$ 三维空间（Roscoe 空间）中研究三维轴对称情况下土的压缩和剪切行为（通常不考虑拉伸和拉剪行为）。值得注意的是，三维轴对称情况下的独立状态变量——应力变量是完备的，即 q, p'；但与应力变量对偶的应变变量却仅有比体积 δv（与 p' 对偶，表示各向同性压缩情况），而没有 $\delta\varepsilon_s$（表示与 q 对偶的剪切变形）。这是一种简化，即考虑了 p'、q 三维应力空间的作用对体积变化的影响，但没有直接讨论它们对剪切变形的影响。这样做就把较为复杂的三维轴对称的变形问题简化为 $p':q:v$ 三维空间（Roscoe 空间）中体积的变形问题，而剪切变形是通过基于塑性功的剪胀方程而得到的。当然，这种做法存在一些局限性，但却极大地简化了数学描述复杂的问题，即把四维空间的问题简化为三维空间的问题。

1.4 土的一般力学性质

1. 土的弹性和塑性

外荷载作用下土的变形通常分为两部分：弹性变形和塑性变形。在人的眼睛所能看见的范围内，弹性变形占整个变形中很小的一部分，而大部分是塑性变形。所以土力学所面对的主要是塑性变形问题。弹塑性静力学（不同于动力和流变问题），通常被称为弹塑性力学。讨论变形和强度问题时，由于是静力问题，一般是不涉及时间的，即其方程中没有时间因子和时间变量。但在外力作用下，到达最后的变形或强度都必然有一个与时间相关的过程，即变形或强度不会突然的没有前序过程而产生。然而，由于静力问题没有时间因子和时间变量，所以隐含着假定：其前序的变形过程是在荷载施加后，不考虑时间及其变化的影响，好像瞬时就完成了其前序的变形过程。但通常人们往往忘记了实际上这一过程是在一定的时间内完成的，而这一变形过程中有时会产生不同的变形或强度结果。

如果按剪应变的百分比划分，可以将剪应变的变形过程划分为 3 个阶段（Ishihara，1996）：第一个阶段为小变形阶段，$\gamma < 0.001\%$；第二个阶段为中等变形阶段，$0.001\% \leqslant \gamma < 0.1\%$；第三个阶段为大变形阶段，$\gamma \geqslant 0.1\%$。在小变形阶段，土体为弹性变形；在中等变形阶段，土体为弹塑性变形；在大变形阶段，土体开始出现破坏。

经典弹塑性理论假定应变中弹性和塑性部分是通过加荷和卸荷过程加以确定和分离的，其中可恢复的应变是弹性应变，而不可恢复的应变是塑性应变。总应变是弹性应变和塑性应变之和。就土而言，通过卸荷过程把弹性应变分离出来，这通常是难以做到的。虽然恢复的应变是储藏弹性能的结果，但这种卸载产生的可恢复应变并不总是纯弹性的。卸载过程（可恢复变形过程）中颗粒接触处也会产生滑动，即出现塑性变形的滑动。弹性变形经常与由颗粒之间的滑动、重新排列和挤压等引起的变形混淆在一起，难以辨认。颗粒之间的滑动通过摩擦消耗能量，这种可恢复的应变不是纯弹性的。按照这种塑性变形的定义，一些可恢复的应变都具有一部分塑性。通常假定：颗粒接触处产生滑动的变形均是塑性变形。

那么，在何条件下土的变形是弹性的吗？通常只有在应变非常小的情况下，土的变形才被认为是弹性的，例如剪应变 $\gamma < 0.001\%$。一般利用波的传播幅值和速度确定弹性模量和弹性应变，因为普通实验仪器的精度难以达到如此小的剪应变（$\gamma < 0.001\%$）。

2. 土的压硬性

压硬性是指土的强度和刚度会随着压应力的增大而增大，或随着压应力的减小而减小。这是摩擦材料（土就是一种摩擦材料）所具有的特性，一般金属材料没有这种性质。莫尔-库仑强度准则描述了土的强度方面的这种压硬性。至于刚度方面，Janbu（1963）给出如下压硬性表达式：

$$E_i = K_E P_{\mathrm{a}} \left(\frac{\sigma_3}{P_{\mathrm{a}}} \right)^n$$

式中，E_i 是压缩模量，K_E 和 n 为常数，P_{a} 为大气压力。可以看出，压缩模量 E_i 是围压 σ_3 的

函数，它随压应力的增大而增大。

3. 剪胀性

剪胀性是指土体受剪时产生体积膨胀或收缩的现象，这也是土的特性之一。通常金属或弹性理论中的剪切作用不会产生体积膨胀，所以剪胀不是弹性变形。密砂剪胀、松砂剪缩，这一现象最早是由英国学者 Reynolds 发现的。剪胀性是砂土最为重要的力学性质之一。黏土也具有剪胀性的概念现在也被普遍接受，强超固结土就会呈现剪胀现象。

4. 密实程度的依赖性

密实程度的依赖性是指土的强度和刚度依赖于土的密实性。即越密实的土，其强度和刚度越大；反之，越疏松的土，其强度和刚度就越小。这是因为土是摩擦材料，在同样的外力作用下，土越密实，其孔隙体积就越小，土颗粒的接触点和面积就越多、越大，所以其强度和刚度也就越大。它是土的最重要的性质之一。孔隙比 e 可以粗略地描述土的密实情况，但土的密实程度实际上还依赖于围压作用的大小。

5. 拉-压性质的巨大区别

土的抗拉刚度和强度很低，并且随时间而改变，是不稳定的，所以工程设计中通常不考虑土的抗拉性质。另外，土体在拉伸与压缩作用时，其刚度和强度相差非常大。因此，在遇到拉剪耦合作用时要注意，它与压剪作用有很大差别。

6. 应力路径依赖性

应力路径依赖性是指土的变形和强度不仅取决于当前的应力状态，而且与到达该应力状态之前的应力历史及今后加载荷载的大小和方向有关。图 1.5 给出了应力路径对应力-应变关系的影响。但应力路径相关性的考虑不但使本构模型本身复杂化，也给计算和模拟带来困难，从而限制了它的实际应用价值。因而现有的强度和本构理论几乎都忽略应力路径依赖性

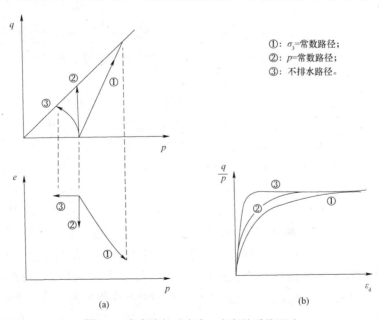

图 1.5　应力路径对应力-应变关系的影响

的影响，而采用某种唯一性的假定。然而在应力路径发生大的转折时，应力路径依赖性的影响会很大，这种唯一性是得不到保证的。

7. 土的各向异性

土的各向异性是指土的刚度和强度沿各个方向是不同的。引起各向异性的原因有以下两个。一是土的各向异性是在天然土的沉积过程中形成的。天然土体在其形成过程中必然会产生各向异性的性质，为简化，通常假定为水平横观各向同性。二是土的各向异性是在受力过程中逐渐形成的，它与扁平颗粒的扁平面的方向逐渐趋向于大主应力方向有关，这一现象常称之为应力诱导的各向异性。

8. 偏应力比 $\eta = q / p'$ 的重要影响

土是摩擦材料，它具有压硬性。当摩擦面是平面时（没有剪胀），土的刚度和强度随着压力的增加而增加，即 $q = p'M$，其中 M 为摩擦系数。而偏应力比 $\eta = q / p'$（η 既有偏应力的作用，也有压力的影响）反映了土抵抗剪切作用的能力，它既决定了抗剪切刚度，也决定了抗剪切强度。$\eta = q / p'$ 是土抵抗剪切作用能力的最简单的关系表达式。也就是说，土抵抗剪切作用的能力与偏应力比 η 密切相关。所以，三维轴对称情况下的偏应力比 $\eta = q / p'$ 或二维平面应力情况下的剪应力比 τ / σ，对土的变形（刚度）和强度具有重要的作用和影响。有些时候，偏应力比 $\eta = q / p'$ 或剪应力比 σ'_1 / σ'_3 甚至比偏应力 q 或应力差 $\tau = \frac{1}{2}(\sigma'_1 - \sigma'_3)$ 更加重要。后面在建立变形或强度的关系中会经常使用偏应力比。

1.5 土的体积变形

对于土体而言，不仅各向同性压力会产生体积变形，剪应力也会引起土的体积变形。各向同性压力产生的体积变形通常称为压缩或膨胀，这将在 1.7 节中重点介绍。这一节主要解释一下由剪应力引起的体积变形。

弹塑性力学是基于金属而发展起来的。金属弹塑性力学中剪应力是不会产生体积变化的，然而，土弹塑性力学中却不存在这种情况，剪胀和剪缩是土力学中将会遇到的基本现象。为何如此？这是由土颗粒之间黏结很弱的本质特点所决定的。当压应力不大（如地表浅层土）时，通常土颗粒不会被压碎，其本身的强度远大于颗粒之间的连接强度，此时土颗粒本身变形非常小，类似于刚体，而颗粒表面的接触处是薄弱点，也是刚度和强度较低的地方。通常假定正压力（压力不大时）只会增大土颗粒表面连接处的强度和刚度（摩擦材料的性质），所以只有剪应力才可能使土颗粒表面之间产生错动。外力作用是通过颗粒表面之间的接触处而传递的，土颗粒的错动是在颗粒表面的连接处产生并发展的，最后直至土体破坏。随着剪应力的增大，土颗粒表面之间开始产生错动。初始阶段，其错动量很小，可能只产生较小的、颗粒表面的摩擦滑动。但当剪应力变大时，较小颗粒会产生很大的滑移、错动甚至旋转、翻转、滚动，最后直到土体破坏。这种颗粒间的错动会改变土的孔隙形状、颗粒和孔隙的排列情况，并使土的体积发生变化。实验表明：剪应力作用下，松砂和正常固结黏土会剪缩，而密砂和超固结黏土会剪胀，如图 1.6 所示。这种因颗粒滑移、错动产生的变形，很小的部分是弹性变形，大部分都是塑性变形。

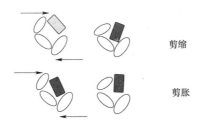

剪缩

剪胀

图 1.6　剪缩与剪胀示意图

一个好的土的本构模型应该能够很好地描述土的这种剪胀－剪缩的体积变化现象。

饱和土的体积变化必然是孔隙水流动的结果（假定：土颗粒和水不可压缩，则土体积变化量等于其孔隙水体积的变化量）。孔隙水流动的难易程度涉及土的结构及固相－液相相互作用。渗透系数 k 就是孔隙水流动难易程度的一种量度。通常颗粒越大、级配越差，则渗透性越好，渗透系数 k 也就越大。

对于给定的土，其颗粒的形状、尺寸都是确定的，它的渗透性主要依赖于孔隙所占空间的百分比，或孔隙比（孔隙体积/颗粒体积）。由土力学可知：总体积 V 的比体积 v（比体积）为

$$v = \frac{V}{V_s} = \frac{V_s + V_v}{V_s} = 1 + e \qquad (1-12)$$

式中，V_s 和 V_v 分别表示固相体积和孔隙体积，e 为孔隙比，$e = G_s w / S_r$。其中，G_s 为比重，w 为含水率，S_r 为饱和度。对于饱和土，$e = G_s w$。孔隙所占空间的百分比为 $e/(1+e)$。实际上，孔隙比 e 和比体积 v 都是描述孔隙体积的量，但需满足一个前提，即假定土颗粒和孔隙水不可压缩时，孔隙体积的变化就是土体积的变化。它们之间仅差一个常数 1，见式（1-12），所以本书中它们是经常相互替换使用的。

描述土现在的结构并不是一件简单、容易的事。由上面的讨论已经知道，影响土的结构的因素有很多，并且难以宏观地加以定量描述。所以，一般趋向于使用尽可能简单的量描述土的结构，这种量应该能够易于直接测量，并能反映结构变化的影响。

饱和土的体积由孔隙体积和颗粒体积共同组成。对于给定的土，孔隙体积和颗粒体积各自所占总体积的百分比（或孔隙比）就是描述土的目前结构的一种最简单的（一阶近似）方法。而土力学中通常使用孔隙比，所以对于给定的土，孔隙比就是描述土的目前结构的一种最简单的、具有一阶近似的方法。另外，土的过去沉积的历史会反映在当前土的结构中，并且可以断定：目前土的结构将会控制土的将来响应，而不管这种断定是基于渗透性的考虑或是基于应力变化的力学响应。

众所周知，土是一种摩擦材料。对于某一特定的土样，在同样的平均有效压力（球应力）作用下，孔隙比越小（塑性体积的压缩变化越大），则土样就越密实，颗粒之间的接触点就越多，接触面积也就越大，其抵抗剪切作用的刚度和强度也就越大。这种情况说明了把土体积的塑性变形作为屈服面发展的硬化参数的物理机制。

饱和土的体积变化通常用孔隙比 e（或比体积 v）及其变化表示。在应力非常小的沉积土层的表面 10 cm 范围内，孔隙比 e 等于 $2w_L \sim 3w_L$（w_L 为液限值）。当土层深度到达 1 m 时，$w=w_L$，参见图 1.7。

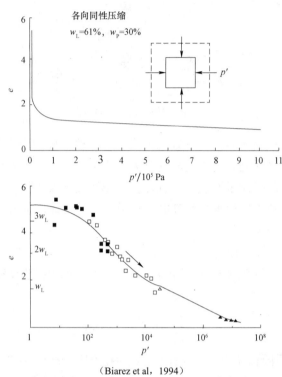

（Biarez et al，1994）

图 1.7　重塑黏土从泥浆开始的各向同性压缩

1.6　正常固结状态与正常固结土

前面已经指出，临界状态土力学是针对重塑土而建立的，所以这里讨论的正常固结土也是一种重塑的正常固结土。以后，本书讨论的土（除非特别指出）均是指重塑土。

通常正常固结土是指：天然土层中某一点的土（土样），其当前所受压力等于先期固结压力（历史上最大有效压应力）。可以看到，这种固结状态是根据目前土所受压力与先期固结压力的比值来定义的，并且目前土所受压力总是等于先期固结压力。也就是说，与先期固结压力比，现在的压力不会出现减小的现象，即不会出现卸载的情况。

上面是从应力的角度看正常固结状态，如果从体积变化的角度看是一种什么情况呢？大家知道，使体积发生变化的应力只能是有效应力，因此，从使体积变化的角度看，所受压力必须采用有效压力。而这样定义的正常固结状态是：目前所受到的有效压力等于先期固结压力。正常固结状态也表明：有效压力施加的过程中没有出现过卸载情况，即沿着图 1.8（b）的 $OACD$ 线；而卸载（图 1.8（b）中从 A 点开始出现卸载直到 B 点的卸载路径 AB）通常会使 A

点的有效压力减小到 B 点，而 B 点的比体积 v_B 会比没有卸过载的正常固结土（在相同的有效压力作用下）的 O 点的比体积 v_O 更小，也更加密实。即对于相同有效压力 p'_0 所对应的比体积，参见图 1.8（b）中的 O 和 B 点，正常固结土 O 点的比体积 v_O 大于超固结土 B 点的比体积 v_B。这就意味着，正常固结土由于没有出现过卸载，在相同有效压力下其对应的体积是最大的。所以重塑土的正常固结状态是有效压力与先期固结压力之比最小的状态，即超固结比（其定义见 1.7.2 节）等于 1 的状态。有人认为，欠固结状态的超固结比小于 1，是超固结比更小的状态。但需要注意的是，这里采用的是有效压力（从对变形影响的角度，有效压力已经把超静孔压的影响排除了）与先期固结压力之比（超固结比）。由于采用了用有效压力表示的超固结比，这就已经把超静孔压（由外荷载引起的孔压）或欠固结的情况排除了。从体积变化的角度看，既然重塑土的正常固结状态是超固结比最小的状态，处于这种状态时其体积是最大的，也就意味着：当有效压力不变时，正常固结状态是比体积最大的状态（与超固结状态相比）。而超固结土也隐含着：该土比其正常固结状态时更加密实。但也应该注意：具有结构性的土，其孔隙体积可以更大，然而临界状态土力学仅讨论重塑土而不涉及结构性土。

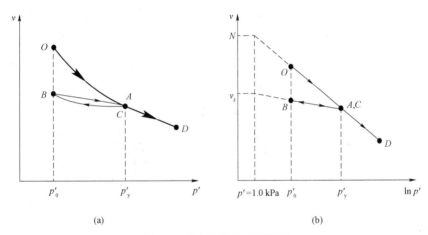

(a)   (b)

图 1.8 各向同性压缩和膨胀

如何定义重塑土的正常固结状态？从重塑土的整个加载–变形过程及前面的讨论可以知道，初始有效压力从 0 开始时，此时有效应力等于 0，并且重塑土体积（或孔隙体积）还要最大。什么样的重塑土满足这种要求呢？只有悬浮状态（没有结构性）的泥浆（或砂浆）在有效应力为 0 时，其颗粒之间距离最大、孔隙体积也最大，满足这种要求，而其他种类的重塑土是难以满足这种要求的。这就是说，泥浆（或砂浆）的整个加载–变形过程是满足重塑正常固结土要求的。对于这种源于泥浆的土，当其有效应力为 0 时，其抗剪强度也等于 0，它是一种理想土。

1.7　土的各向同性压缩和膨胀

由 1.5 节的讨论可以知道土的体积变化（包括弹性和塑性体积变化）对土的性质和行为影响的重要性，即土体积的变化对于土体结构及抗剪刚度和强度的变化具有重要影响，是土力学研究的重要内容之一。另外，本节中关于各向同性压力作用下土的体积变化的讨论，在临界状态土力学中也具有重要意义，它是临界状态土力学的出发点和发展的基础。

临界状态土力学首先通过体积的变化把经典土力学中一维沉降变形与各向同性压缩联系起来（见 1.8 节一维压缩和膨胀与各向同性压缩及三维轴对称压缩的比较），然后再把各向同性压缩与剪切变形联系起来，并基于此建立起统一描述土的行为的理论框架。

1.7.1　各向同性压力作用下土的行为

各向同性压缩和膨胀是指在各向同性压力（$\sigma_1'=\sigma_2'=\sigma_3'=p'$）作用下的压缩或膨胀的变形过程。图 1.9 给出了在不同的各向同性压力作用下土的一般行为，其中 ε_v 为土在不同的各向同性压力作用下土的体积应变。其中土在初始 O 点时压力为 p_O'，土颗粒体是较松散的；施加各向同性压力 p' 后由 O 点到达 A 点；然后由 A 点卸载到 B 点；再由 B 点加载到 C 点，然后再加载到 D 点；在 OA 段和 CD 段，土颗粒体被逐渐压密。其中 C 点是屈服点。

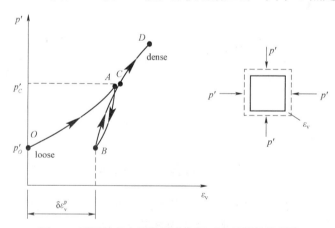

图 1.9　不同的各向同性压力作用下土的压缩和膨胀

土体最初的压缩是由土颗粒的重新排列所产生的，并且土的密实程度和刚度也会随着土体的压缩而增加。这是由于，在初始的疏松状态，土体有更多的孔隙给土颗粒的移动提供空间和可能，土颗粒的接触点少或接触面积小，土颗粒容易移动，刚度小；而土被压缩后，土体变得密实了，孔隙空间减小，土颗粒可移动和重新排列的空间和机会也减少了，土颗粒的接触点增多或接触面积增大，土颗粒不易移动，刚度大。所以土体压缩会导致土体刚度的增加，这也是压硬性产生的原因和表现。图 1.9 中各向同性压力－体积应变是一种曲线关系。这种因颗粒重新排列而导致土体积变化的机制会使土体整体刚度具有非线性的性质。对于

图 1.9 中的 $A-B-C$ 循环，此循环中土的刚度要比 OA 段初次加载时土的刚度大很多（土的体积变化小很多）。原因是：卸载时土颗粒的排列过程与初次加载时土颗粒的排列过程不具有重复和可逆性。在初次加载阶段，土颗粒会产生滑移、旋转、翻滚和断裂，这会消耗能量并不可恢复；而在卸载阶段，土颗粒的结构是不可能恢复成原来的排列和结构状态的，因此也不会沿着原来的加载曲线返回。

把图 1.9 中的体积应变 ε_v 换成用比体积 v 表示，就可以得到图 1.8（a）。从图 1.8（a）可以看到，在此坐标系中给出的是一种曲线关系。然而，很多实验数据表明，当横坐标采用以 e 为底的对数 $\ln p'$ 时，即采用 $v-\ln p'$ 坐标系时，就可以得到如图 1.8（b）所示的线性关系。大量实验结果表明：对于绝大多数黏土和砂土，在较宽范围的荷载作用下，这种线性表示是一种很好的近似方法。但对于粗颗粒土，初次加载压缩曲线的体积变化要达到前期固结压力时，通常需要很大的有效应力（大于 1 000 kPa），并开始出现明显的塑性体积变形，且会产生颗粒的破碎，此后的压缩曲线才是正常固结线，由此才能够确定整个范围的体积变化情况。以后除了特殊说明，本书将用 $v-\ln p'$ 坐标系表示土的各向同性压缩和膨胀，而用 $e-\lg\sigma_z'$ 表示土的一维压缩与膨胀。

图 1.8（a）中由 A 点→B 点，再由 B 点→C 点，经过一个循环。实际上这种循环即使用图 1.8（b）中的半对数坐标表示，它也是一种曲线，原因是卸载时土颗粒的排列过程与初次加载时土颗粒的排列过程不具有重复和可逆性，但这两条曲线较为接近。为了简化，通常还是采用直线代替曲线，例如图 1.8（b）中的 BA 段是一条直线。用直线代替曲线是一种近似，并且在土力学和实际应用中被广泛使用。

图 1.8（b）中的 $OACD$ 直线段是初次压缩线，也是正常固结线，该线可以用下式表示：

$$v = N - \lambda \ln p' \tag{1-13}$$

式中，λ 为 $OACD$ 直线的斜率，N 是 p'=1.0 kPa 时 $OACD$ 直线上的 v 值。

式（1–13）即正常固结线，反映了重塑正常固结土所具有的压力 p' 与比体积 v 的本质关系。由于重塑已经把重塑土中不稳定的结构部分都去除掉了，所以式（1–13）是一种稳定的、具有唯一性的关系。也就是说，对于重塑正常固结土，只要知道 p' 和 v 中的任意一个，就可以利用式（1–13）求得另外一个。当然，对于不同的重塑正常固结土，其不同反映在式（1–13）中的参数中：N 反映土孔隙的松密情况，λ 通常反映土的类别和物理化学性质。土的性质不同，其参数也随之不同，但式（1–13）的关系是不变的，尤其是某一确定场地的重塑正常固结土更是如此。

图 1.8（b）中的 BA 直线段是膨胀线，也称之为回弹线，该线可以用下式表示：

$$v = v_\kappa - \kappa \ln p' \tag{1-14}$$

式中，κ 为 BA 直线的斜率，v_κ 是 p'=1.0 kPa 时 BA 直线上的 v 值。

膨胀线与正常固结线相交于 C 点，C 点是屈服点，其屈服应力是 p_y'。BA 段的膨胀线或回弹线上的体积变化通常假定为弹性的。而屈服应力（弹性极限压力）p_y' 称之为先期固结压力，对应于土样颗粒本身未发生破坏，并且是应力历史上承受的最大有效压力。这种定义通常适用于细颗粒黏土和超大孔隙比的砂土，而不适于中等密实程度以上的粗颗粒土。

黏土在经受较大的各向同性压缩后，卸载回弹和再压缩时，会表现出显著的各向同性的弹性特征。

在图 1.8（b）中的 OACD 直线段上的体积变化是塑性的，可以用式（1–13）计算。该直线段的有效压力范围为 $10^4 \sim 10^6\,\text{Pa}$，这一压力范围也是土木工程中常遇到的压力范围。

▲ 例 1–1　对某土样进行各向同性压缩实验，实验结果如图 1.10 所示。表 1.1 中列出了 A、C、E 三点的实验数据，请根据实验结果计算：

（1）压缩曲线的参数 λ 和 κ；

（2）给出正常固结线和膨胀线的方程；

（3）计算图 1.10 中 B 和 D（$p' = 200\,\text{kPa}$）点对应的比体积。

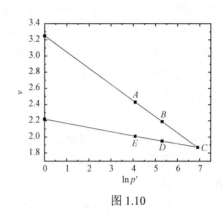

图 1.10

表 1.1

状态点	平均有效压力 p'/kPa	比体积 v
A	60	2.43
C	1 000	1.87
E	60	2.01

解：（1）参数 λ 是直线 ABC 的斜率，有

$$\lambda = -\frac{1.87 - 2.43}{\ln 1\,000 - \ln 60} = 0.20$$

参数 κ 是直线 CDE 的斜率，有

$$\kappa = -\frac{1.87 - 2.01}{\ln 1\,000 - \ln 60} = 0.05$$

（2）直线 ABC 的截距为

$$N = v_C + \lambda \ln p'_C = 1.87 + 0.20 \times \ln 1\,000 = 3.25$$

因此，根据式（1–13），直线 ABC 的方程可以表达为

$$v = 3.25 - 0.20 \times \ln p'$$

直线 CDE 的截距为

$$v_\kappa = v_C + \kappa \ln p'_C = 1.87 + 0.05 \times \ln 1\,000 = 2.22$$

因此，根据式（1–14），直线 CDE 的方程可以表达为

$$v = 2.22 - 0.05 \times \ln p'$$

（3）将 $p_B' = 200\,\text{kPa}$ 代入直线 ABC 的方程中得到 B 点的比体积：

$$v_B = 3.25 - 0.20 \times \ln 200 = 2.19$$

将 $p_D' = 200\,\text{kPa}$ 代入直线 CDE 的方程中得到 D 点的比体积：

$$v_D = 2.22 - 0.05 \times \ln 200 = 1.96$$

1.7.2 土的超固结状态

岩石风化后，其碎屑被运移到场地并沉积下来，这一沉积过程通常是沿着图 1.11 中的 $OACD$ 线即初次加载压缩线而沉积和变化的。$OACD$ 线也被称为正常固结线（normal consolidation line，NCL）。沿着正常固结线初次加载到任意一点，例如图 1.11 中的 A 点，然后卸载直到 B 点；再由 B 点加载到 C 点。路径 $A{\rightarrow}B$ 是膨胀线，$B{\rightarrow}C$ 是再压线，通常假定膨胀线和再压线是同一条弹性直线。实际上，膨胀线和再压线不是线性的，而是两条比较接近的曲线，并且它们也不是纯弹性的。因为膨胀线和再压线是曲线，它们往复不是沿着同一条曲线，所以必然存在能量耗散，即存在塑性变形。但为简化起见，还是假定这种变形为弹性变形，这样做的误差不大。膨胀线和再压线是用式（1-14）表示和计算的。

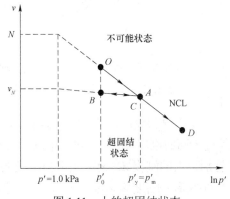

图 1.11 土的超固结状态

膨胀线和再压线上任何点的土都处于超固结状态。实际上，正常固结线下方和左侧区域都是超固结状态，因为该区域中任意一点都是通过该点的某一膨胀线和再压线上的点，所以是超固结状态，而该区域也是超固结区。超固结概念是土力学理论中的一个重要概念，在临界状态土力学中也发挥重要作用。产生超固结状态的原因可能有以下几种情况：①地质剥蚀作用产生的卸载导致的超固结；②干燥作用产生的超固结；③地下水位上升引起的超固结；④取样卸载引起的超固结；⑤击实和蠕变引起的超固结。

对于超固结区内任意一点，例如图 1.11 中的 B 点，该点超固结比 R_p 可以用下式计算：

$$R_p = \frac{p_m'}{p_0'} \tag{1-15}$$

式中，p_0' 为现在压力，p_m' 为通过 B 点的膨胀线所对应的最大先期固结压力（C 点处压力）。

注意在描述重塑土的超固结状态时，除了需要 v, p' 外，还需要参数超固结比 R_{p}，否则就不能完备地描述超固结状态；而正常固结状态仅需要 v, p' 就能完备地加以描述。

正常固结土的状态对应的点处于图 1.11 的正常固结线 $OACD$ 线上，并且在该线上土的超固结比为 1。

图 1.12 给出了两种超固结状态 R_1 和 R_2，它们具有相同的超固结比。从图 1.12 的几何图形或式（1-15）可以得到

$$\ln R_{\mathrm{p}} = \ln p'_{\mathrm{y}1} - \ln p'_{01} = \ln p'_{\mathrm{y}2} - \ln p'_{02} \qquad （1-16）$$

所以通过两个相同超固结比 R_1 和 R_2 的直线是平行于正常固结线的（$R_1 R_2$ 平行于 $N_1 N_2$），参见图 1.12。

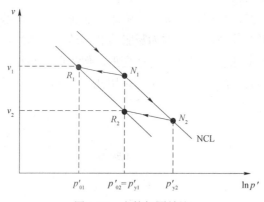

图 1.12　土的超固结比

由图 1.12 可以看到，土在 N_1 和 R_2 点具有相同的压力（$p'_{02} = p'_{\mathrm{y}1}$），并且可能处于相同的埋深度，但在 N_1 和 R_2 点却具有不同的刚度 λ、κ。与此相似，土在 R_2 和 N_2 点具有很接近的比体积和含水率，但却具有差别很大的刚度 λ、κ。正常固结线上的任意点（如图 1.12 中的 N_1 或 N_2 点）对应的加载（塑性变形）刚度和卸载（弹性变形）刚度具有巨大差别。这意味着土的刚度不仅与含水率（比体积 v）和现在压力 p'（或埋深）相关，超固结比也是确定土的行为的一个重要指标。

在图 1.12 中，土在 R_1 点（压力为 p'_{01}）的状态可以通过以下加载路径到达 R_2 点（压力为 $p'_{\mathrm{y}2}$）的状态：首先从 R_1 点加载至 N_1 点，其路径为 $R_1 \rightarrow N_1$（在 N_1 点屈服，屈服压力为 $p'_{\mathrm{y}1}$）；然后沿着正常固结线压缩到 N_2 点，即路径为 $N_1 \rightarrow N_2$（在 N_2 点屈服压力为 $p'_{\mathrm{y}2}$）；最后，由 N_2 点卸载到 R_2 点（压力为 p'_{02}），路径为 $N_2 \rightarrow R_2$。这种状态的变化，还可以通过蠕变（细颗粒土）或击实和振动（粗颗粒土）等作用由 R_1 点的状态直接移到 R_2 点的状态。而这种状态位置的变化（R_1 点移到 R_2 点）是土的结构状态变化的结果。

图 1.13 给出了由蠕变或振动引起土的状态变化的情况。土的最初状态可以从正常固结线上 R_0 点开始（正常固结线上 $p'_0 = p'_{\mathrm{m}}$），直接移到 R_1 点（通过蠕变或振动），R_1 点的压力为 p'_0，与 R_0 点的压力相等。由式（1-15）计算出这两点的超固结比是相同的，都等于 1，因为先期固结压力没有变化。由此可以看出，式（1-15）没有恰当地描述此处土的目前状态。

这种情况下采用屈服应力比 Y_p 可能是一个更好的表述：

$$Y_p = \frac{p'_y}{p'_0} \qquad\qquad (1-17)$$

式中，p'_0、p'_y 分别是目前压力和屈服压力。屈服压力 p'_y 在图 1.12 中是 N_1 点的压力 p'_{y1}，N_1 点是膨胀线与正常固结线的交点。由图 1.13 可以看到，状态位置的变化（R_1 点移到 R_2 点）既可以通过路径 $R_1 \rightarrow N_1$，$N_1 \rightarrow N_2$，$N_2 \rightarrow R_2$ 到达，也可以通过蠕变或振动使其屈服压力比增加而得到。由于屈服应力从 R_1 点对应的 p'_{y1} 增加到 R_2 点对应的 p'_{y2}，因此利用式（1-17）计算出两种路径在 R_1 点与 R_2 点的屈服应力比不相等，可以较好地体现土的当前状态。

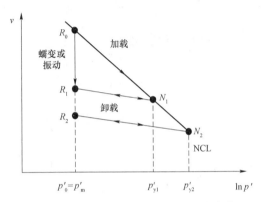

图 1.13　由蠕变或振动引起土状态的变化

1.8　土的一维压缩和膨胀

实际工程场地中土的应力通常不是各向同性的，一般情况下其水平应力与竖向应力是不同的。由于存在水平各向同性的侧向土的约束，通常场地土的侧限（水平向）位移很小。另外，由于它很小，对工程的影响也不大，所以人们也不太关注水平向位移（特殊情况除外）。因此，一般忽略水平向位移的影响，并假定水平向应变 $\varepsilon_h = 0$。这就是采用一维压缩和膨胀描述场地土沉降的原因和理由。

1.8.1　一维压缩和膨胀与各向同性压缩和膨胀的比较

土的一维压缩和膨胀行为可以用图 1.14 描述。可以看到，图 1.14 中土的一维压缩和膨胀行为与图 1.9 中土的各向同性压力作用下土的压缩和膨胀行为类似，即除了相应的应力坐标（用 σ'_z 替代了 p'）和应变坐标（用 ε_z 替代了 ε_v）不同，曲线基本相似。但这里需要注意的是一维压缩和膨胀时 $\varepsilon_h = 0$，而各向同性压力作用下土的水平应变 $\varepsilon_h = \frac{1}{3}\varepsilon_v$。

与 1.7 节中讨论各向同性压缩和膨胀情况相似，把图 1.14 中土在一维压力作用下土的竖

向应变 ε_z 换成孔隙比 e，就可以得到图 1.15（a），再把图 1.15（a）中的 σ'_z 换成为 $\lg\sigma'_z$，就可以得到图 1.15（b）。

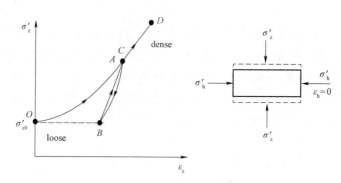

图 1.14　土的一维压缩和膨胀行为

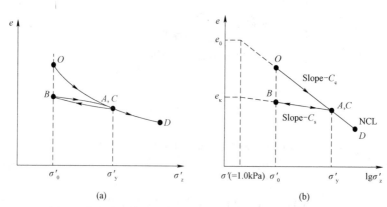

图 1.15　一维压缩和膨胀在 $e-\sigma'_z$ 和 $e-\lg\sigma'_z$ 坐标下的表示

所有在 1.7 节中出现的描述各向同性压缩和膨胀的基本特征都会在一维压缩和膨胀时得到反映和重现，而主要区别是各向同性压缩和膨胀的参数 N 被 e_0 所替换，λ 和 κ 被 C_c 和 C_s 所替换。此时，图 1.15（b）中一维压缩 OAD 和膨胀线 ABC 可以表示为

$$e=e_0-C_c\lg\sigma'_z \qquad (1-18)$$

$$e=e_\kappa-C_s\lg\sigma'_z \qquad (1-19)$$

图 1.15（b）中一维压缩超固结点 B 的屈服压力比 Y_0 为

$$Y_0=\frac{\sigma'_y}{\sigma'_0} \qquad (1-20)$$

土在一维压缩过程中加载和卸载时，σ'_z 和 σ'_h 一般并不相等，由此导致土中会存在剪应力（偏应力）作用。当比较各向同性压缩和一维压缩的行为时，必须注意和考虑这种剪应力作用的影响（如剪胀和剪缩的影响）。

图 1.16 给出了土的一维压缩和各向同性压缩行为的比较，其中下标 1 表示一维压缩情况，没有下标表示各向同性压缩。图 1.16 中正常固结线 $OACD$ 和 $O_1A_1C_1D_1$ 具有相同的 λ，当 $p'=1$

时，截距分别为 N 和 N_0。膨胀线和再压线 ABC 和 $A_1B_1C_1$ 具有几乎相同的斜率 κ 及相同的 p'_y，但却具有不同的 v_κ。实际上，由于加载和卸载具有两种 K_0 值，受其影响，斜率 κ 也是略微不同的，见图 1.16（a）中的膨胀线和再压线（循环的虚线所示）。

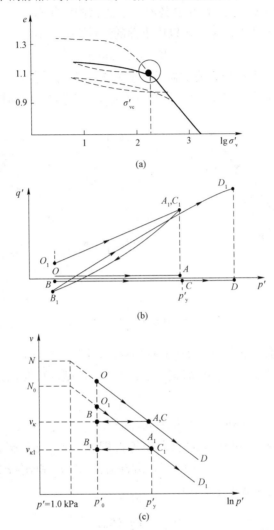

图 1.16　土的一维压缩和各向同性压缩行为的比较

1.8.2　一维压缩和膨胀与三维轴对称压缩和膨胀的比较

实际上，土的一维压缩和膨胀就是具有侧限的固结仪中土样的压缩和膨胀，其侧向应变 $\varepsilon_h = 0$。而三维轴对称压缩和膨胀是三轴仪中土样的压缩和膨胀，三轴仪中土样的应力和应变的描述，参见 1.3 节。

一维压缩和膨胀时，其水平压力 σ'_h 可以由静止土压力的侧向压力系数 K_0 求得。即

$$K_0 = \frac{\sigma'_h}{\sigma'_z} \tag{1-21}$$

通常竖向压力 σ'_z 会随着加载或卸载而发生变化，又因为侧向应变 ε_h 不变，所以水平压力 σ'_h 也会随着竖向压力 σ'_z 的变化而变化，参见图 1.17（a）。其中各向同性压缩情况，参见图 1.17（a）中的虚线。而侧向压力系数 K_0 还与土的屈服压力比 Y_0（或超固结比）相关，参见图 1.17（b）。图 1.17（a）中的 OACD 路径处于正常固结状态，$Y_0=1$，此时侧向压力系数为 K_{0nc}。对于许多正常固结土，K_{0nc} 可以用下面的经验公式计算：

$$K_{0nc} = 1 - \sin\phi'_c$$

式中，ϕ'_c 为临界状态时的摩擦角，关于临界状态见 2.1 节。就超固结土而言，图 1.17（a）中的 ABC 路径就是处于超固结状态，侧向压力系数 K_0 随着超固结比的增加而增加。

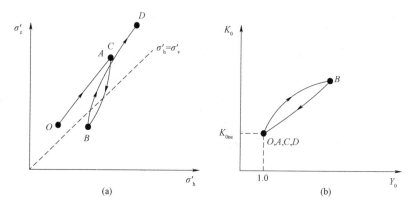

图 1.17　一维加–卸载时水平压力与竖向压力的变化情况

图 1.17 说明随着卸载和再加载（$A{\to}B{\to}C$ 路径），图 1.17（b）中会出现（$A{\to}B{\to}C$）滞回现象。忽略这种滞回现象，只考虑 K_0 随着 Y_0 而变化，则这种变化关系可以用下面的经验公式近似表示：

$$K_0 = K_{0nc}\sqrt{Y_0} \qquad (1-22)$$

令三维轴对称压缩和一维压缩的应力相等，即 $\sigma'_a=\sigma'_z$，$\sigma'_r=\sigma'_h$，将这两个应力代入式（1–21），再利用式（1–2）和式（1–3），并注意到 $\sigma'_a=\sigma'_1$ 和 $\sigma'_r=\sigma'_3$，就可以得到三维轴对称情况下的应力表达式（参考 1.3 节）：

$$p' = \frac{1}{3}\sigma'_z(1+2K_0) \qquad (1-23)$$

$$q = \sigma'_z(1-K_0) \qquad (1-24)$$

三轴仪中的土样在常应力比 $\sigma'_3 / \sigma'_1 = \sigma'_h / \sigma'_a = K_0 \neq 1$ 或 $\eta = q / p' = 3(1-K_0)/(1+2K_0)$ 的应力路径下，各向异性压缩与各向同性压缩条件下所表现出来的性质相似。正常固结土的压缩线用 $e - \ln p'$ 空间坐标系表示，$\lambda=0.062$ 为压缩直线的斜率，参见图 1.18。图 1.18 中最上面的线为各向同性压缩线（$\eta=0.0$），最下面的线是临界状态线（critical state line，CSL），有 $\eta=M=1.25$。由图 1.18 可以看到，正常固结土在不同常应力比时是一系列的平行线。

正常固结土在一维固结压缩（有侧限，$\varepsilon_2=\varepsilon_3=0$）时，土样的行为与三轴实验中应力比为 $\eta=\sigma'_3 / \sigma'_1 = K_0$ 的常应力比路径的行为很接近。这就表明了正常固结细颗粒土的沉积过程（沉降过程）和该土三轴实验中应力比为 $\eta=K_0$ 的常应力比路径的压缩过程基本相同，即它们具有近似相同的斜率 λ，二者可以相互参考和借鉴。

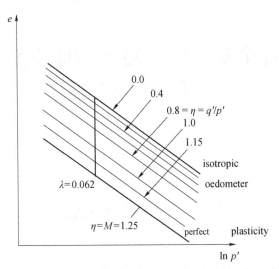

图 1.18　各向异性压缩实验结果

1.9　思　考　题

1. 与一般的金属材料相比，土的体积变形有什么不同？
2. 超固结土与正常固结土的体积变形有什么不同？
3. 超固结土可以用什么指标来描述？
4. 为何说各向同性压缩对土的强度和刚度有重要影响？
5. 各向同性压缩与一维固结压缩有何异同？
6. 除了力以外，还有哪些因素会引起土的体积变形？

1.10　习　题

1. 已知某土的材料参数为 $\lambda=0.15$，$\kappa=0.05$。假设现在该土的两个土样 A 和 B 所受应力均为 $p_0=200$ kPa，但 A 处于正常固结状态，B 处于超固结状态。对土样 A 和 B 分别从 200 kPa 加载至 500 kPa，请计算两者的体积变化。

2. 对某土样进行一维压缩实验，当竖向应力 $\sigma'_{z1}=20$ kPa 时，土样的孔隙比为 $e_1=1.76$，当继续加载至竖向应力 $\sigma'_{z2}=40$ kPa 时，测得孔隙比为 $e_2=1.47$。请计算其压缩指数 C_c。

2　几个基本概念及土的体积变形和剪切变形的关系

2.1　土的临界状态

2.1.1　临界状态在三维轴对称情况下的表述

Roscoe、Schofield 和 Wroth 于 1958 年提出了临界状态的概念，这一概念是在实验的基础上建立的。通过土的排水和不排水三轴实验，Roscoe 等人发现，在外荷载作用下土（包括各种砂土和黏土）在其变形发展过程中，无论其初始状态和应力路径如何，都将在某种特定状态下结束变形，定义这种状态为临界状态。

临界状态的定义：土体在剪切实验的大变形阶段，它趋向于变形过程最后的临界状态（稳定不变的状态），即体积和应力（总应力、孔隙压力、偏应力或剪应力）不变，而剪应变还不断持续地发展和流动的状态。换句话说，临界状态的出现就意味着土已经发生流动破坏，并且隐含着下式成立（稳定状态的条件）：

$$\frac{\partial p'}{\partial \varepsilon_s} = \frac{\partial q}{\partial \varepsilon_s} = \frac{\partial v}{\partial \varepsilon_s} = 0, \qquad \frac{\partial \varepsilon_s}{\partial t} \neq 0 \qquad (2-1)$$

首先观察图 2.1 和图 2.2，它们给出了在临界状态时的实验结果。由图 2.1 可以看到，当土体遭到破坏或到达临界状态时，平均有效应力 p' 和偏应力 q 呈线性关系。由图 2.2 可以看到，当土体遭到破坏或到达临界状态时，比体积 v 与各向同性应力 p' 取对数后的值呈线性关系。由此可以建立式（2-2）和式（2-3），它们是很多实验的观察结果，也是图 2.1 和图 2.2 中的曲线的数学表达式。

Schofield 于 2005 年对临界状态作如下表述：

The kernel of our ideas is the concept that soil and other granular materials，if continuously distorted until they flow as a frictional fluid，will come into a well defined state determined by two equations（我们想法的核心是：如果土和其他颗粒材料受到连续的剪切作用直到像具有摩擦阻力的流体似的流动时，土和其他颗粒材料会进入到由以下两个方程确定的状态）：

$$q = Mp' \qquad (2-2)$$

$$v = \Gamma - \lambda \ln p' \qquad (2-3)$$

式中，M、Γ 和 λ 为表征土的性质的常数。Γ 是式（2-3）中 v 在 $p'=1$ 时的截距。其他变量 v，p'，q 已在式（1-2）、式（1-3）和式（1-12）中给出了定义。

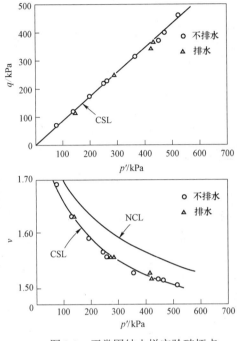

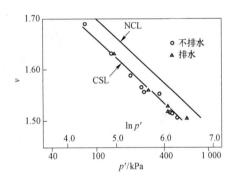

图 2.1　正常固结土样实验破坏点　　　　图 2.2　$v{:}\ln p'$ 空间中的临界状态线

当土处于临界状态时，在持续不变的剪应力（包括不变的总应力和孔隙水压力，即有效应力）作用下，宏观土体出现持续不断的剪切变形（也可能出现裂缝并形成剪切带），其内部土颗粒或颗粒聚集体在拉、压、扭、剪的作用下会出现非常大的滑移、碰撞、破碎或破坏，颗粒也是随机地移动，颗粒流动呈现紊流。此时，微观上可能会发现许许多多复杂的功率损耗和颗粒损坏的产生，但宏观上，只能忽略各种细节、各种可能的弱化和颗粒排列的方向性，而把这种复杂的功率损耗和颗粒损坏假设为摩擦耗散现象。把宏观土体表现出来的持续不断的剪切变形过程用简单的式（2-2）描述。第一个临界状态方程式（2-2）是滑动摩擦现象的描述。在出现滑动摩擦现象时，偏应力 q 的大小依赖于平均有效压力 p' 和滑动摩擦常数 M，并且需要保持土的剪切应变连续流动、发展。滑动摩擦常数 M 也表明了 q/p' 的极限值（或强度值），即 q/p' 必然小于 M。

就第二个临界状态方程式（2-3）来说，从微观的角度能够发现，当土颗粒之间的粒间相互作用力增加（相当于 p' 增加）时，则颗粒中心之间的平均距离将会减小。从宏观的角度看，产生这种连续剪切流动的土颗粒的比体积（或比容）v 将随着平均有效应力 p' 的增加而减小。这也和人的宏观感觉一致，即平均有效压力越大，相应的比体积 v 就越小，同时饱和土的含水率就越大，土就越软，产生剪切流动时能够承受的偏应力也会越小。

通常在很大的均匀剪切变形条件下，无论初始孔隙比的大小如何，以及应力路径（排水或不排水路径）如何，在相同 p' 作用下最后都可以到达相同的剪切应力（或偏应力）和相同的孔隙比，即到达临界状态，见图2.3（b）和图2.3（d）。也就是说，很大的剪切变形会消弱初始条件的影响。

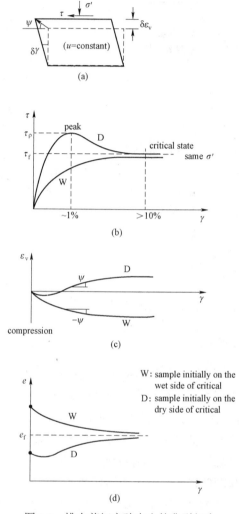

图 2.3　排水剪切实验中土的典型行为

另外，从图2.2可以看到：临界状态线与正常固结线（normal consolidation line，NCL）相互平行，这意味着它们的变化趋势是相同的。因此，思考与它们相关的问题时（临界状态线和正常固结线是两种不同的现象，但为何具有相同的变化趋势？其内部机理是什么？）可以互相参考、对照，以启发认知和理解两种不同现象的相同变化趋势。实验时，也可以将两个实验结果相互对照，看是否存在与这种相同变化趋势相矛盾或错误的地方。

也许有人会问，为何式（2-2）的线性关系必须通过原点，而不像黏土的莫尔-库仑强度准则那样具有黏聚力（不通过原点）呢？这是因为当土处于临界状态时，其处于流动状态，其应变很大，在这种状态下土颗粒之间的胶结联结、结合水联结甚至毛细水联结都已经遭到破坏，这时就连剪胀的作用都已消失，所以黏聚力为零。因此临界状态时，p'为零，q也为零。

通过实验发现，对于给定的土而言，临界状态由式（2-2）和式（2-3）唯一地确定。Roscoe、Schofield、Wroth、Burland 等人通过抽象和高度的概括，把极为复杂的土的力学行为极简单地和非常巧妙地用 p'、q 和 v 这三个变量的关系进行描述。p'、q 和 v 这三个变量组成的空间称为 Roscoe 空间。Roscoe 等人在 Roscoe 空间中建立了临界状态的概念，它在 Roscoe 空间中的空间曲线见图2.4。

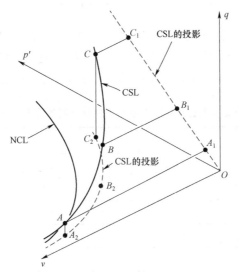

图 2.4 Roscoe 空间中的 CSL

▲ **例 2-1**（计算土体到达临界状态的应力和变形） 已知某土的土性参数分别为：$N=3.25$，$\lambda=0.20$，$\Gamma=3.16$，$M=0.94$，将该土的两个试样各向等压正常固结到 $p_0'=400$ kPa，然后分别进行不排水三轴压缩实验和排水三轴压缩实验，试计算试样破坏时的 q，p'，v，ε_v 值。

解： 对于正常固结情况，根据式（1-13）有

$$v_0 = N - \lambda \ln p_0' = 3.25 - 0.20 \times \ln 400 = 2.052$$

（1）对于不排水情况，体积不变 $\Delta v = 0$，体积应变 $\varepsilon_v = 0$，即破坏时有

$$v_f = v_0 = 2.052$$

由式（2-3）知，破坏时有

$$p_f' = \exp[(\Gamma - v_0)/\lambda] = \exp[(3.16 - 2.052)/0.2] = 255 \text{（kPa）}$$

由式（2-2）有

$$q_f = Mp_f' = 0.94 \times 255 = 240 \text{（kPa）}$$

（2）对于排水情况，由于排水应力路径上应力比等于3，即 $q_f = 3(p_f - p_0)$，结合式（2-2）求解可得

$$q_f' = 3Mp_0'/(3-M) = 3 \times 0.94 \times 400/(3-0.94) = 548 \text{（kPa）}$$

$$p'_f = q'_f / M = 548 / 0.94 = 583 （\text{kPa}）$$

再由式（2-3）可得

$$v_f = \Gamma - \lambda \ln p'_f = 3.16 - 0.20 \times \ln 583 = 1.886$$

利用式（1-10）求出体积应变为

$$\varepsilon_v = -\Delta v / v_0 = -(1.886 - 2.052) / 2.052 = 8.09\%$$

▲ **例2-2（计算土体临界状态参数）** 对同一种土的不同土样进行多组不同路径的三轴实验，包括排水实验和不排水实验。表2.1给出了各组实验在达到临界状态发生破坏时的应力和比体积取值，请根据实验结果确定土样的临界状态参数 M，λ，Γ。

表2.1 各组实验在达到临界状态发生破坏时的应力和比体积取值

土样	p'_f	q_f	v_f
A	600	500	1.82
B	285	280	1.97
C	400	390	1.90
D	256	250	1.99
E	150	146	2.10
F	200	195	2.04

解： 利用式（2-2）和式（2-3）可对参数加以标定，将表2.1中所有数据点绘制于图2.5和图2.6中。

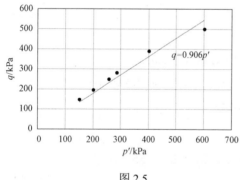

图2.5

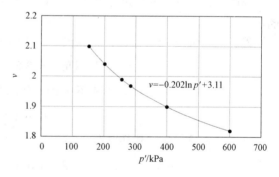

图2.6

拟合得到直线方程

$$q = 0.906 p'$$

$$v = -0.202 \ln p' + 3.11$$

因此参数取值为：$M = 0.906, \lambda = 0.202, \Gamma = 3.11$。

2.1.2 临界状态在二维平面应力空间的表述

Atkinson（2007）给出了临界状态在二维平面应力空间和一维压缩时的图示，见图2.7。

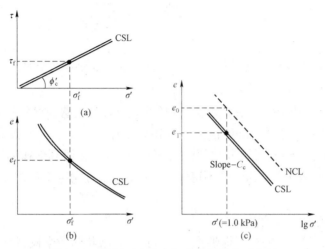

图2.7 二维平面应力空间中临界状态示意图

图2.7中σ'为竖向有效应力，τ为剪切应力。针对图2.7的临界状态线的计算公式为

$$\tau_f = \sigma'_f \tan \phi'_c \tag{2-4}$$

$$e_f = e_\Gamma - C_c \lg \sigma'_f \tag{2-5}$$

式（2-4）和式（2-5）中的下标f表示处于临界状态，ϕ'_c是二维平面应力空间临界状态摩擦角，e_Γ是临界状态线在图2.7（c）所示坐标系中的截距。三维轴对称应力空间中的临界状态参数M与二维平面应力空间中的临界状态摩擦角ϕ'_c的关系为

$$\sin \phi'_c = \frac{3M}{6+M} \tag{2-6}$$

$$M = \frac{6 \sin \phi'_c}{3 - \sin \phi'_c} \tag{2-7}$$

▲ **例2-3（推导二维与一维关系）** 式（2-6）给出了三轴压缩实验中三维轴对称应力空间中的临界状态参数M与二维平面应力空间中的临界状态摩擦角之间的关系，请对该式进行证明。

解： 三轴压缩状态应力可根据式（1-2）和式（1-3）计算，即

$$p' = (\sigma'_1 + \sigma'_2 + \sigma'_3)/3 = (\sigma'_1 + 2\sigma'_3)/3$$

$$q = \sigma'_1 - \sigma'_3$$

利用莫尔-库仑公式，大小主应力之间的关系满足下式 [见式（4-11）]：

$$\sin \phi_c' = \frac{\sigma_1' - \sigma_3'}{\sigma_1' + \sigma_3'} = \frac{q}{p' + \frac{2}{3}q + p' - \frac{1}{3}q} = \frac{q}{2p' + \frac{1}{3}q}$$

将临界状态关系式（2-2）代入上式，可得

$$\sin \phi_c' = \frac{Mp'}{2p' + \frac{1}{3}Mp'} = \frac{3M}{6 + M}$$

由此也可以反解出三轴压缩实验中三维轴对称应力空间中的临界状态参数 M 与二维平面应力空间中的临界状态摩擦角之间的关系，即式（2-7）。

对于初学者来说，土会存在临界状态，这确实是一件令人感到意外的事情，但细想之后，它却是合乎逻辑的。在剪应变已经很大并且还处于连续不断的发展过程中时，任何土最后都会到达一种稳态（临界状态），否则土就会持续地、无限制地压缩和硬化或膨胀和软化，但这种持续的压缩（或膨胀）是不可能的。所以土在加载-变形过程中最后必然会到达临界状态。

土的临界状态有以下作用和功能。

（1）为加载-变形过程的模拟提供了一个结束点。在构建数学模型时，通常初始条件已知，如果再精确地知道最后的结束点，就可以根据初始点和结束点来建立其模拟关系（例如某两点之间的插值关系）。这种两点之间的关系比仅根据初始点的外推关系要优越并且精度高。

（2）在连续不断的剪应变作用下，土体颗粒会重新排列，其结构也必然会发生变化。因此土会逐渐失去其初始状态的结构，并且此时（大剪应变时）土基本会重新组合和重构。所以可以做如下假定：最后土会取得唯一的临界状态，而这种状态与其初始状态无关，也与应力路径无关，而仅与土的材料本征性质相关，见图 2.3（b）和图 2.3（d）。当土处于临界状态时，其应力状态变量不变，并且较为密实的土或超固结土所具有的土颗粒相互咬合的状态将会消失，正常固结土或松散土的亚稳态结构已经崩溃，土的结构此时被彻底重塑。由临界状态与初始状态无关而仅与土的材料本征性质相关的假定，则临界状态表达式（2-2）和式（2-3）中的 M、Γ 和 λ 是仅依赖于土的本质特征的材料参数。

（3）当土处于临界状态时，其处于既不会剪缩，也不会剪胀（土的体积保持不变），并且不断剪切流动的状态。所以它可以作为剪胀和剪缩区域的分界线，即它是处于后面将要讨论的湿区和干区的分界线。基于这种分界线，可以把土的变形状态和变形趋势通过划分为剪缩区和剪胀区进行表示，具体参考 2.4.5 节。

2.1.3　砂土和超固结土的临界状态

对于砂土和超固结土而言，通常它们可能需要比正常固结黏土更大的剪切变形才能够到达临界状态。更加关键的是，它们特有的峰值软化阶段会产生应变的局部化，导致普通三轴仪难以给出正确的临界状态。关于这种情况将在下面讨论。

图 2.3 给出了砂土和超固结土的示例。在图 2.3 中，W（wet）表示湿区土，通常湿区土

为疏松的饱和土或很疏松的砂土，在剪应力作用下（排水时）土样会被剪缩，孔隙水会被排出；D（dry）表示干区土，即干区的饱和土，在剪应力作用下（排水时）土样会被剪胀，孔隙会吸水。通常干区土为密实的强超固结饱和土或中等以上密实程度的砂土，它们可以表示为图2.3中的D曲线，通常会表现出硬化和软化2个阶段，见图2.3（b）；体积变化也是先剪缩后剪胀，见图2.3（c）；其孔隙比最后趋近于临界状态孔隙比。

通常无论是湿区土或干区土硬化阶段中，图2.3（b）中D曲线峰值前阶段，任何不均匀的应变都会随着荷载的增加而减小。因为这一阶段土的刚度会随着应变的增大而变小，直到峰值时其刚度为0，即应变大处其刚度小，反之应变小处则其刚度大。由于土样不均匀，硬化阶段时土中应变较大部分的刚度会小于应变较小部分的刚度，刚度的这种不同导致土体内部应力重新分布，并使原先应变较大部分的变形减小，而应变较小部分的变形增加，由此使得土样的整体应变的不均匀性在硬化阶段会减小，并保持稳定。而在软化阶段，会出现负刚度，此时土样中剪应变越大，其刚度减小的幅度也越大，即承担的剪应力会越小，使原先应变较大部分的变形进一步增加和恶化，不同点之间都"推卸"自己承担的荷载，土处于不稳定阶段，并容易在不均匀、应变较大的局部形成应变集中区域，最后到达临界状态，见图2.3（b）中D曲线峰值后阶段。

若三轴仪中土样的竖向应变 ε_{a} 或 ε_{1} 超过10%，通常就会在土样中间部位出现鼓肚，此时应力和应变在土样中就会不均匀，不满足表征体元的要求，所给出的结果也是不准确的甚至是不正确的。三轴实验表明，砂土和超固结土的竖向应变 ε_{1} 即使已经超过10%，但仍然还没有到达临界状态，见图2.8和图2.9。从图2.8可以看到，当超固结比 $R_{p}=4$，8时，超固结土呈现应变局部化的现象。图2.9给出了砂土排水实验时，土样呈现应变局部化的现象。

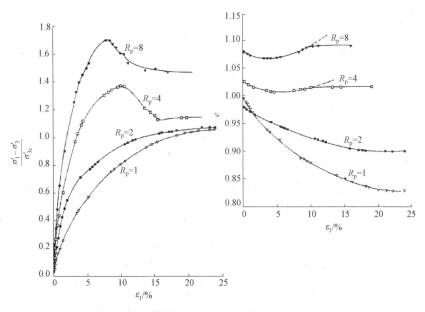

图2.8　超固结土实验中呈现的应变局部化现象

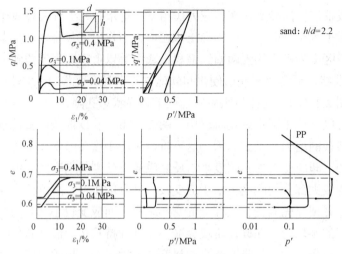

图 2.9　砂土排水实验中呈现的应变局部化现象

1. 应变的局部化

下面讨论一个重要问题，即由于局部应变过大而造成不连续和不均匀的变形及由此产生的一些错误的概念。

在常规的三轴实验中，土样直径 d 的范围为 $35\sim101$ mm，土样高度 h 满足 $h/d=2\sim2.5$，常取高度 h 为直径 d 的 2 倍。通常土样的均匀（或稳定）变形会在特定点结束，见图 2.10 中的 F 点，之后会在某一截面上（与 σ_1' 作用面成 $\pi/4+\phi/2$ 夹角的截面）出现局部大应变。从实验结果来看，土样在这一阶段不会进一步剪胀，见图 2.10（c）中的 $e-\varepsilon_1$ 曲线；曲线的孔隙比呈现水平段，土样整体不再进一步膨胀。这也可以在图 2.8 中看到。

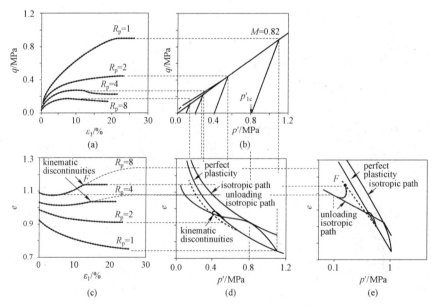

图 2.10　高岭土排水实验中试样的应变局部化

图 2.8 至图 2.10 说明，假定采用密实砂土或超固结土，其常规三轴实验结果会在 $e-\lg p'$ 平面上得到一条不正确的临界状态线。这是因为常规三轴实验此阶段（F 点以后的阶段）的实验数据，由于产生了局部不均匀的较大应变，会给出不正确的临界状态孔隙比。产生数据不正确的原因是，土样此阶段的变形已经不再均匀、一致，不满足表征体元的要求，失去了均匀土样的典型性和代表性。

土颗粒之间有很多接触点或接触面，应变局部化过程中伴随着颗粒的旋转、翻滚、滑移，会形成不连续滑动面，这些滑动面通常都是沿着或平行于剪切作用面而滑动，进而形成了一个带，即剪切带，如图 2.11 所示。

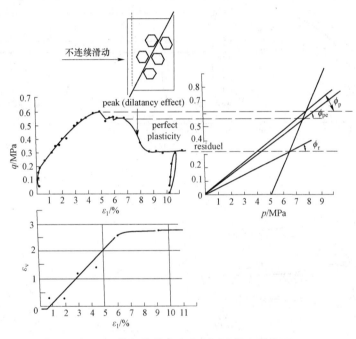

图 2.11　剪切带的产生和不同摩擦角的情况

2. 防止临界状态时应变局部化的措施

可以采用高度小于直径的土样，并且采取措施以便于减小土样和三轴仪上下两端之间的摩擦（例如涂抹润滑剂）来限制应变局部化的产生，如图 2.12 所示，其中土样的高度与直径之比 $h/d=0.5$。图 2.12 表明，采取了上述措施后可以观察到更多的剪胀，并且最终可以达到临界状态。图 2.12 中应力–应变曲线通过峰值以后，以一种比较平缓的方式减小，最终达到临界状态。但此种措施的局限性是，三轴仪上下两端的约束、限制和摩擦会随着 h/d 值的减小而迅速增加，因此需要权衡、评估这两端约束的影响。

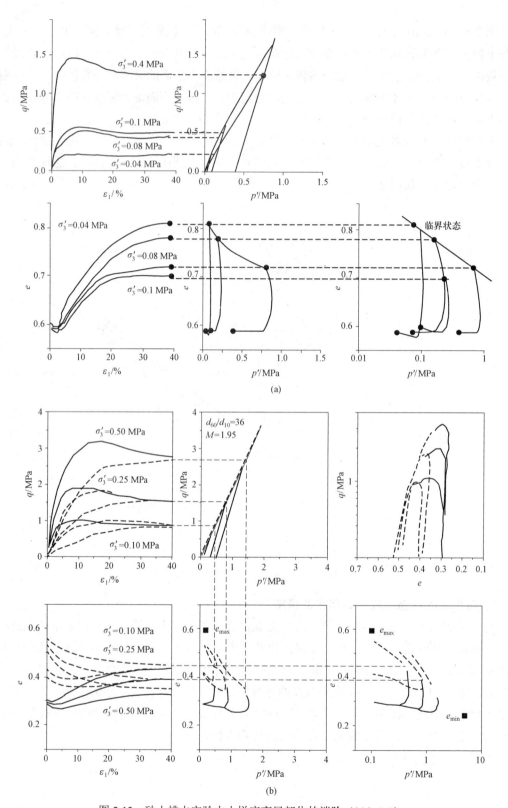

图 2.12　砂土排水实验中土样应变局部化的消除（$h/d=0.5$）

2.1.4 临界孔隙比

实际上，临界状态是在 Casagrande 于 1938 年提出的临界孔隙比的基础上，经过 Roscoe、Schofield、Wroth 的发展而建立的。Casagrande 针对砂土排水时的剪缩和剪胀现象指出：存在一个临界孔隙比，当剪切过程到达临界孔隙比时，砂土既不剪胀，也不剪缩。临界孔隙比通常还与砂土的有效压力（或围压）相关，通常有效压力越大，砂土临界孔隙比就会越小。但临界孔隙比不适用于黏土和砂土的不排水情况。而临界状态是既适用于砂土，也适用于黏土，又适用于排水条件和不排水条件。临界状态是比临界孔隙比具有更加普遍性和一般性的概念，另外它还具有临界孔隙比所没有的作用和功能（参考 2.1.2 节最后给出的临界状态的 3 个作用）。

2.2 砂土的相变

还有一种值得一提的现象，即砂土中存在的**相变状态**现象。相变状态是 Ishihara 等人（1975）提出的，它的定义是：在砂土排水实验中，当平均有效压力 p' 不变时，砂土在剪应力的作用下由体积剪缩转变为体积剪胀的界限状态。在相变状态时，砂土的体积（孔隙比 e 或比体积 v）变化为零，见图 2.13（a）中的 P 点。理论上讲，砂土不论是松砂或是密砂，在

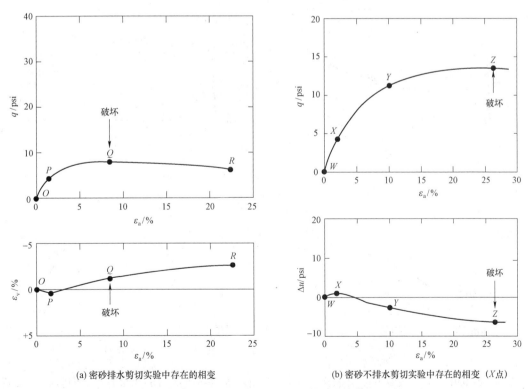

(a) 密砂排水剪切实验中存在的相变　　　　(b) 密砂不排水剪切实验中存在的相变（X点）

图 2.13　密砂在不同排水条件下的剪切实验中的相变

剪应力作用下，开始时它总是先剪缩的。在剪切过程中砂土的松与密的状态的区别主要表现为，密实砂土其剪缩过程较短（越密实，其剪缩过程越短），到达相变状态点后，开始出现剪胀；而较疏松的砂土，其剪缩过程较长（越疏松，其剪缩过程越长），直到最极端的情况，剪胀过程消失，完全是剪缩过程。这时的相变状态实际上已趋近或等于临界状态。

Ishihara（1993）给出了砂土在不排水条件下三轴实验的结果，见图 2.14 至图 2.16。三个实验所采用的土样均为 Toyoura 砂，但土样的初始孔隙比 e 和相对密度 Dr 有所不同。不排水时砂土的相变状态现象可以利用图 2.16 加以说明。在不排水实验中，初始剪切时，密砂也略微具有一点剪缩趋势；但由于不排水，为保持土体总体积不变，必须抵消这种剪缩趋势，所以需要减小有效应力，这样就使因减小有效应力所产生的体胀与上述剪缩趋势相互抵消而保持总体积不变。而此时需保持施加的总应力不变，所以有效应力的减少必然使孔隙水压力增加，从而导致了图 2.16（b）中有效应力的路径：即在开始阶段，有效应力减小使得路径曲线向左端发展，直到相变状态点（曲线最左端的点）。此点后砂土出现剪胀趋势，因不排水，为保持总体积不变，有效应力必然增加（由于负孔隙压力）。由于有效应力的增加而产生体缩，与上述剪胀趋势相抵消，总体积仍然不变。因此，相变状态点后的变形过程是应力路径曲线不断向右发展，最后到达临界状态线。

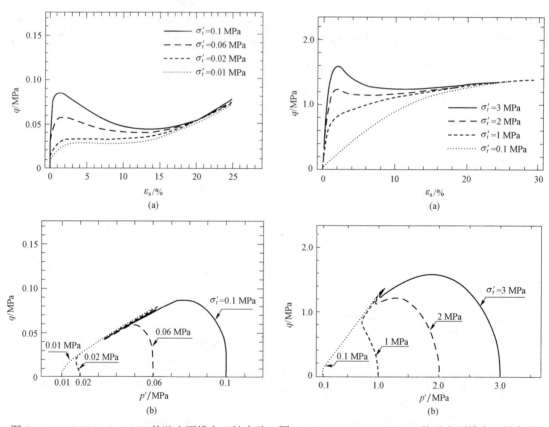

图 2.14　$e=0.916$，Dr=16%的砂土不排水三轴实验　图 2.15　$e=0.833$，Dr=38%的砂土不排水三轴实验

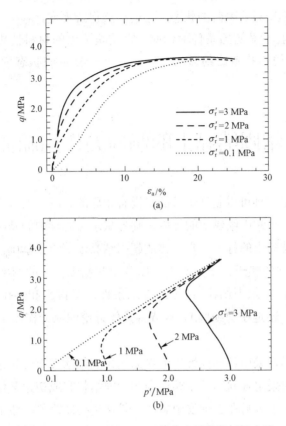

图 2.16 $e=0.735$，$Dr=64\%$ 的砂土不排水三轴实验

从图 2.14 至图 2.16 中可以看到以下几点。

（1）有效应力路径从初始状态开始先经过相变状态后才向临界状态方向发展。

（2）相变后，随着砂土初始孔隙比的增大，其应力比 η 会逐渐向临界状态接近，最后，与临界状态应力比 M 相等，但通常情况下相变点中 $\eta \neq M$（见图 2.13（a）中的 P 点）。

（3）不排水时孔隙比不变，相变后当 p' 开始增加时，其应力比也会逐渐接近临界状态应力比（$\eta \to M$）。

（4）到达相变线时土具有以下特点：体积应变增量 $d\varepsilon_v = 0$；应力比等于相变应力比 $\eta = (q/p')_p$。通常密实砂土相变状态较为明显，如图 2.16 所示；而很疏松的砂土，其相变状态已经与临界状态基本重合，此时 $\eta = M$，如图 2.14 所示。

实际上，不仅砂土存在相变状态，强超固结土也存在相变状态，只不过密实砂土的相变状态现象较为明显。

在变形发展过程中，临界状态和相变都是体积（或孔隙比）保持不变的状态，两者的主要区别如下所述。

（1）临界状态是变形过程结束的状态，其变形必然很大；而相变状态是变形过程的初期阶段（只有密实砂土存在相变），变形不会很大。

（2）临界状态时，体积会持续保持不变，其剪切变形不断发展，呈现持续的流动现象。而相变状态时，体积不变只是瞬时的状态，不会持续保持不变。

（3）临界状态一般不受初始条件的影响，它反映了土的材料性质。而相变状态却受初始条件的影响，如受初始孔隙比的影响，它不是一个稳定的状态参量，它随初始条件而变化。

2.3 正常固结黏土的偏应力作用和体积变形

本节的目标是找出一种可以整体理解的、没有矛盾的、统一的方式描述所观测到的正常固结黏土的剪切行为。正常固结黏土的行为是临界状态土力学中的基础和重要内容。本节讨论的都是饱和正常固结黏土的行为，它为描述超固结黏土奠定了基础。

土的力学行为通常依赖于：土的类型，如砂土和黏土；土的密实程度（针对砂土）和应力历史（针对黏土，指超固结比）；土的排水条件，即排水和不排水条件；目前土所处的状态（是在剪胀区，还是在剪缩区）。本节将具体讨论偏应力作用下正常固结黏土的变形行为。

临界状态土力学通常采用各向同性压缩作为初始固结状态或初始条件，而实际情况却可能不是这种状态。为何采用各向同性压缩作为初始固结状态或初始条件？原因在于：①简单和便于应用；②实验中很容易在三轴仪中施加；③理论描述简单，便于建立规律和理论（其初始应力状态就在 p' 轴上）。而非各向同性的初始固结状态可以用已经建立的临界状态土力学理论进行描述，但此时初始点不在 p' 轴上，而是中间加载过程中的某一点。

2.3.1 排水条件的影响

下面将给出 Bishop 和 Henkel（1962）针对正常固结黏土的排水和不排水实验的结果，并探讨一下排水条件的影响。在同一正常固结黏土层中取两个土样，它们的初始固结围压均为 207 kPa，它们的初始比体积均为 1.632（含水率 w=23%），其中 A 土样进行的是标准的排水三轴实验，而 B 土样进行的是标准的不排水三轴实验。图 2.17 和图 2.18 是 A 土样排水三轴实验的结果。图 2.19 和图 2.20 是 B 土样不排水三轴实验的结果。将图 2.17 和图 2.19 进行对比，可以看到，排水三轴实验偏应力峰值接近 240 kPa，是不排水三轴实验中偏应力峰值 119 kPa 的 2 倍左右。另外，排水三轴实验中试样的抗剪刚度也大（斜率较大）。这是由于，正常固结黏土试样在排水偏应力作用时，土样会因排水而被剪缩，使土样变得更加密实，由此导致土样抗剪刚度和强度提高。而正常固结黏土试样在不排水偏应力作用时，土样会产生正孔隙水压（见图 2.19（b）），并使有效应力降低，导致土样软化，使其抗剪强度和刚度降低。由上述讨论可以了解到排水条件的重要意义和影响。

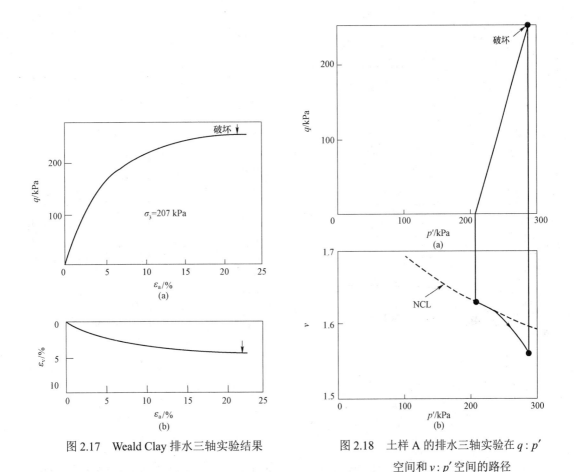

图 2.17 Weald Clay 排水三轴实验结果

图 2.18 土样 A 的排水三轴实验在 $q:p'$ 空间和 $v:p'$ 空间的路径

结构物场地中的排水条件的实际情况是难以被准确地估计和确定的，这是因为场地不同深度、不同季节的排水条件都是变化的。为了简化，工程中只能考虑两种极端情况，即排水条件和不排水条件。而实际场地的排水情况是介于这两种极端情况之间区域中的某一特定点，并且这种特定点的情况也是随时间和深度而变化的。通常某一场地的特定点、特定时刻的这种特定（实际）排水条件与这两种极端排水（排水与不排水）条件不同，这种不同只能靠经验估计，排水条件对强度和刚度的影响也只能靠经验进行考虑和评估。

正常固结黏土不排水实验中，在偏应力作用下土样为何会产生正孔隙水压？由 1.6 节已经知道：重塑的正常固结黏土是该土的最疏松状态，在偏应力作用下，它必然会产生剪缩的趋势；而不排水条件不容许出现体积变化（剪缩），这就迫使土样产生正孔隙水压，以使土样在相同外应力作用下其有效压力减小。因为有效压力减小，导致土样体积回弹，这种体积回弹与前面的剪缩趋势相互抵消，保持土样体积不变。也就是说，不排水剪切作用把剪缩的趋势转变为孔隙水压的增加，这就是为何具有剪缩趋势的土样在不排水剪切作用下会产生正孔隙水压的原因。这也是图 2.20（a）中应力路径 p' 呈现减小的情况，并最后到达临界状态线的原因。

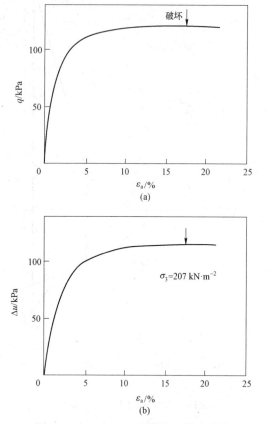

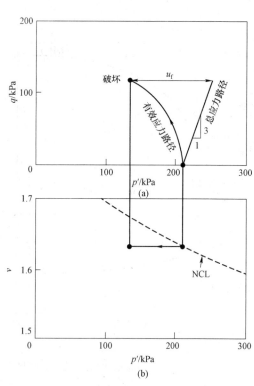

图 2.19 Weald Clay 不排水三轴实验结果

图 2.20 土样 B 的不排水三轴实验在 $q:p'$ 空间和 $v:p'$ 空间的路径

2.3.2 不排水实验结果

在同一正常固结黏土层中取 3 个土样作为一组，并进行不排水剪切实验。实验中它们的初始围压和初始比体积分别为 $p'_e = a, 2a, 3a$，$v = v_1, v_2, v_3$，如图 2.21 所示。

由图 2.21 可以看到，每个实验曲线中偏应力 q 都会随着其轴向应变 ε_a 的增加而增加，直到最后到达临界状态（此时为水平直线）。此阶段的曲线是硬化阶段，即随着轴向应变 ε_a 的增大，偏应力 q 也在增大。通常轴应变 ε_a 不大时（$\varepsilon_a \leqslant 5\%$），水平向应变可以近似认为 $\varepsilon_r \approx 0$，所以与 q 对偶的偏应变 $\varepsilon_s = \varepsilon_1 - \varepsilon_3 = \varepsilon_a - \varepsilon_r \approx \varepsilon_a$。到达峰值后，其偏应力不再变化，其峰值就是临界状态。此后，临界状态的含义是：各种应力（总应力、孔隙水压力、偏应力和有效压力）不变，体积不变，剪应变不断发展。

图 2.22 为不同初始围压时不排水三轴实验在 $q:p'$ 和 $v:p'$ 应力空间的实验曲线。由图 2.22（a）可以看到，在 $q:p'$ 应力空间中，不排水三轴实验曲线具有如下特点：①初始应力（应力

的出发点）都在 p' 轴上；②随着偏应力的增大，应力路径中有效应力在不断减小（不排水剪缩趋势引起的有效应力减小）并呈现弧形曲线，每条弧形曲线所对应的体积只有一个，即初始比体积；③该弧形曲线最后与临界状态线在 B_i 点相交，此点处于临界状态。

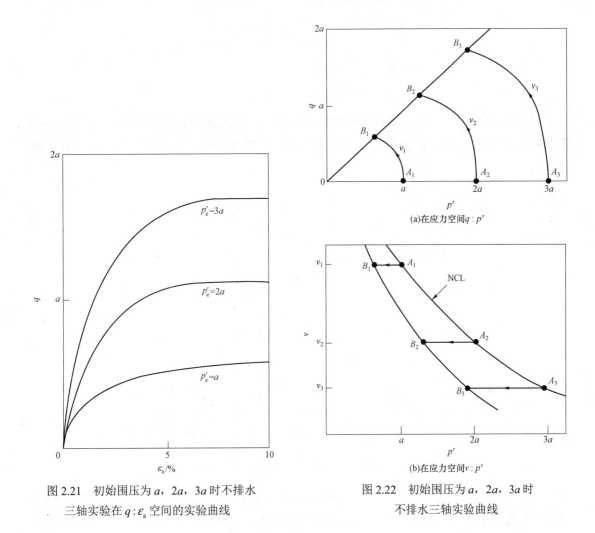

图 2.21　初始围压为 a，$2a$，$3a$ 时不排水
三轴实验在 $q : \varepsilon_a$ 空间的实验曲线

图 2.22　初始围压为 a，$2a$，$3a$ 时
不排水三轴实验曲线

由图 2.22（b）可以看到，在 $v : p'$ 应力空间中，不排水三轴实验曲线具有如下特点：①它们的出发点是在正常固结线上的 A_1、A_2、A_3 点；②由于是不排水实验，其比体积保持不变，它们的路径（$A—B$）是水平的；③有效应力在不断减小（不排水剪缩趋势必然引起孔隙水压力增高，导致有效应力减小）；④最后与临界状态线在 B_i 点相交并处于临界状态。

2.3.3　排水实验结果

首先介绍一下三轴排水实验结果在应力空间的表示。通常初始应力条件已知，它们有：

$p' = p'_0$，$q = 0$，$u = 0$。加载结束后，其孔隙水压力 $\delta u = 0$，其侧向压力（围压）通常保持不变（这是因为围压是反映原存自重引起的侧压力的影响，当深度不变时，围压也不变），即 $\delta \sigma'_r = 0$。此时应力增量 δq，$\delta p'$ 及应力增量的比值 $\delta q / \delta p'$ 分别为

$$\delta q = \delta \sigma_a - \delta \sigma_r = \delta \sigma_a$$

$$\delta p' = \delta p - \delta u = \delta p = \frac{1}{3}(\delta \sigma_a + 2\delta \sigma_r) = \frac{1}{3}\delta \sigma_a \qquad (2-8)$$

$$\delta q / \delta p' = \frac{\delta \sigma_a}{\frac{1}{3}\delta \sigma_a} = 3$$

图 2.23 给出了三轴排水应力路径在应力空间 $q : p'$ 的图示，图 2.23 中的应力路径 A—B 表明：①应力出发点在 p' 轴上；②路径是直线，其斜率是固定不变的，它（$\delta q / \delta p'$）等于 3。

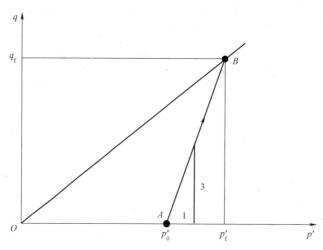

图 2.23　一组排水实验的结果

在同一正常固结黏土层中取 3 个土样作为一组，并进行排水剪切实验。实验中它们的初始围压和初始比体积分别为：$p'_e = a, 2a, 3a$；$v = v_1, v_2, v_3$。初始围压为 $a, 2a, 3a$ 时排水三轴实验在应力空间 $q : \varepsilon_a$ 和 $\varepsilon_v : \varepsilon_a$ 的实验曲线、在应力空间 $q : p'$ 和 $v : p'$ 的实验曲线分别如图 2.24 和图 2.25 所示。

从图 2.24 中可以看到，每个实验曲线中偏应力 q 都会随着其轴应变 ε_a 的增加而增加，直到最后到达临界状态。此阶段的曲线是硬化阶段，即随着 ε_a 的增大，偏应力 q 也在增大。到达临界状态后，偏应力不再变化（保持水平直线）。与不排水实验的结果不同的是：排水实验中土样的强度（峰值）是不排水实验中土样强度的 2 倍左右；同样，排水实验中土样的刚度也远大于不排水实验中土样的刚度。

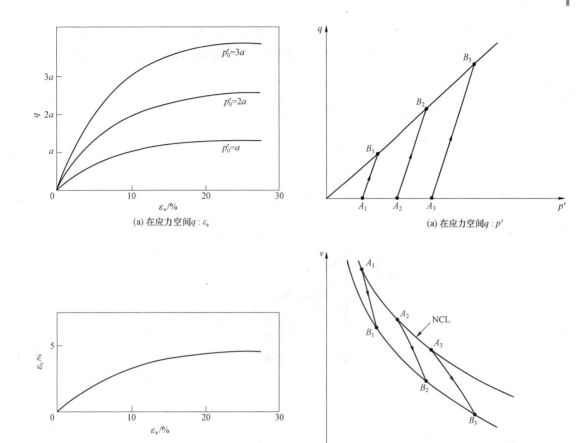

图 2.24　初始围压为 a，$2a$，$3a$ 时排水三轴实验在
　　　　应力空间 $q:\varepsilon_a$ 和 $\varepsilon_v:\varepsilon_a$ 的实验曲线

图 2.25　初始围压为 a，$2a$，$3a$ 时排水三轴实验在
　　　　应力空间 $q:p'$ 和 $v:p'$ 的实验曲线

由图 2.25（a）可以看到，在应力空间 $q:p'$ 中，不同初始围压时排水三轴实验曲线具有以下特点：①初始应力（应力的出发点）都在 p' 轴上；②随着偏应力的增大，应力路径是一条斜直线，其斜率 q/p' 等于 3；③排水路径最后与临界状态线在 B_i 点相交，此点处于临界状态。

由图 2.25（b）可以看到，在应力空间 $v:p'$ 中，不同初始围压时排水三轴实验曲线具有以下特点：①它们的出发点是在正常固结线上的 A_1、A_2、A_3 点；②由于是排水实验，其比体积不断变化（压缩），它们的路径（A_i—B_i）是曲线形；③有效应力在不断增加（排水导致有效应力增加）；④最后与临界状态线在 B_i 点相交，并处于临界状态。

2.3.4　Roscoe 空间中不排水平面与排水平面

1. 不排水平面

当初始围压为 a，$2a$，$3a$ 时，图 2.22 给出了不排水三轴实验分别在应力空间 $q:p'$ 和 $v:p'$ 的 3 个试样的实验曲线；而图 2.25 则给出了排水三轴实验分别在应力空间 $q:p'$ 和 $v:p'$ 的 3

个试样的实验曲线。如果把排水与不排水条件下的实验结果在 Roscoe 三维空间表示出来会是什么样子呢？下面先给出一个不排水条件下三轴实验结果在 Roscoe 三维空间中的表示，如图 2.26 所示。

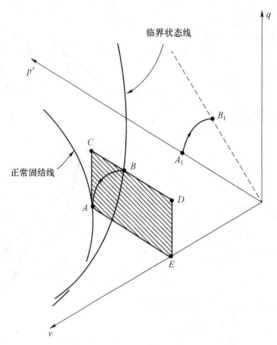

图 2.26　不排水条件下三轴实验结果在 Roscoe 三维空间中的表示

针对图 2.26 中 Roscoe 三维空间的实验曲线给出以下说明：①初始出发点 A 是在 $v:p'$ 平面中的正常固结线上，而在 $v:p'$ 平面中偏应力为 0；②过 A 点的 $AEDBC$ 截面的比体积 v 与 A 点的比体积 v_A 相同；③实验曲线形成的路径 A—B 是一条曲线，由于不排水，该路径 AB 曲线是在等体积截面 $AEDBC$ 中；④该路径 AB 曲线在 $v:p'$ 平面的投影在 AE 线上；⑤该路径 AB 曲线在 $q:p'$ 平面的投影形成曲线 A_1B_1，B_1 点为临界状态点。从图 2.26 中 Roscoe 三维空间的不排水实验曲线可以看到：该曲线在 $q:p'$ 平面中的投影和在 $v:p'$ 平面中的投影就是图 2.22（a）和图 2.22（b）所示的情况。

2. 排水平面

排水条件下三轴实验结果在 Roscoe 三维空间中的表示如图 2.27 所示。

针对图 2.27 中 Roscoe 三维空间的实验曲线给出以下说明：①初始出发点 A 是在 $v:p'$ 平面中的正常固结线上；②过 A 点的 $ACBB_1A_1$ 截面在 $q:p'$ 平面中投影所形成的直线斜率 q/p' 为 3；③实验曲线形成的路径 A—B 是一条曲线，该路径 AB 曲线在 $ACBB_1A_1$ 截面中；④该路径 AB 曲线中的 B 点是 $ACBB_1A_1$ 截面与临界状态线的交点，该路径在 B 点结束，并处于临界状态。从图 2.27 中的 Roscoe 三维空间的排水实验曲线可以看到：该曲线在 $q:p'$ 平面中的投影和在 $v:p'$ 平面中的投影就是图 2.25（a）和图 2.25（b）所示的情况。

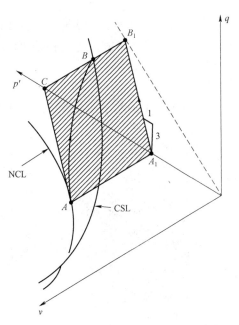

图 2.27　排水条件下三轴实验结果在 Roscoe 三维空间中的表示

2.3.5　Roscoe 面

下面给出四个不同初始条件下的不排水三轴实验结果在 Roscoe 三维空间中的表示，见图 2.28。这四个实验曲线都是从正常固结线上出发（不同之处是初始比体积不同），经过不排水剪切过程，最后到达临界状态线，并结束实验。

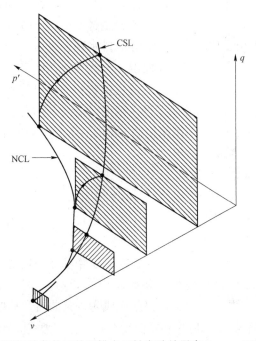

图 2.28　四个不同初始条件下的不排水二轴实验结果在 Roscoe 三维空间中的表示

图 2.29 给出了两个不同初始条件下的排水三轴实验结果在 Roscoe 三维空间中的表示。这两个实验曲线都是从正常固结线上出发（不同之处是初始比体积和球应力不同），经过排水剪切过程，最后到达临界状态线，并结束实验。

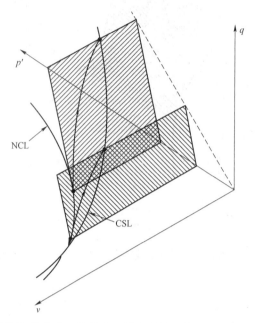

图 2.29　两个不同初始条件下的排水三轴实验结果在 Roscoe 三维空间中的表示

下面把排水和不排水实验结果放在一起，见图 2.30。观察这两种排水条件下的实验结果，可以看到，它们的出发点都是在正常固结线上，其结束点都是在临界状态线上，而它们的实验路径似乎都是在同一曲面中。也就是说，不论是排水或是不排水，它们的实验路径都是在同一个曲面上。图 2.31 给出了比较详细的图示，排水路径 $A_1D_2B_3$ 与不排水路径 $A_2D_2B_2$ 在 D_2 点相交，即说明它们在 D_2 点处于同一曲面上。与此类似，做多个排水路径与多个不排水路径实验，就会得到多个交点，见图 2.30。通过很多实验都可以得到这一结论，所以剑桥学派做出以下假定：正常固结土样初始各向同性压缩固结后（其出发点是在正常固结线上）进一步做三轴剪切实验，不论是排水或不排水实验，它们的实验路径都是在三维 Roscoe 空间的同一曲面上，该曲面称之为 Roscoe 曲面。

下面讨论 Roscoe 面的唯一性问题。

观察图 2.22（a）中初始围压为 a，$2a$，$3a$ 时不排水三轴实验在应力空间的 3 个实验曲线，可以看到：3 个实验曲线是相似的，其不同之处仅在于其初始围压不同，并导致其比体积不同。由此可以设想，如果利用初始围压 p_0' 进行归一化，就可以消除初始围压 p_0' 的影响，从而得到一致的应力路径。也就是说，把图 2.22（a）中的 3 个曲线结果分别除以它们各自的初始围压 $p_0' = a, 2a, 3a$，由此就可以消除初始围压的影响，并把此做法在归一化应力空间 $q/p_0' : p'/p_0'$ 中表示出来，这 3 个实验结果就变成为一条曲线，见图 2.32。由此可见，正常固结土多个不排水三轴实验结果的应力路径曲线在归一化应力空间 $q/p_0' : p'/p_0'$ 中是唯一的。

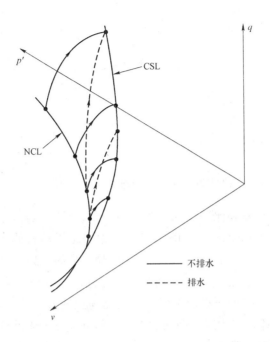

图 2.30 排水和不排水三轴实验结果在 Roscoe 三维空间中的表示

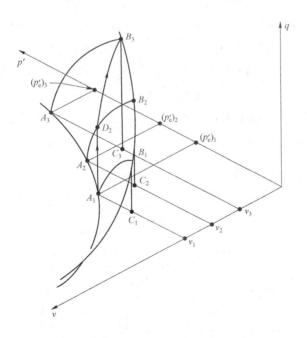

图 2.31 1 个排水和 3 个不排水三轴实验结果在 Roscoe 三维空间中的详细表示

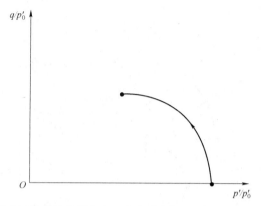

图 2.32　3 个不排水三轴实验结果在归一化应力空间 $q/p_0' : p'/p_0'$ 中的应力路径曲线

正常固结土的排水实验要比不排水实验复杂一些，因为排水实验中比体积 v 是变化的。对于排水路径，在常体积 Roscoe 面（例如图 2.33 中等比体积 v_3 的实线曲线）上的某一点，即使沿虚线移动微小的一步，都会使比体积发生变化，见图 2.33。通常会期望排水应力路径中具有相同比体积所形成的（等 v 值）曲线形状相同，这些排水路径形成的相同形状的等比体积曲线所具有的不同之处仅在于它们对应的比体积 v_i 是不同的，见图 2.33 中的实线曲面。然后，就采用与不排水应力路径相同的做法，即进行归一化处理，以便于消除不同的比体积 v_i 所产生的不同影响。然而，此时 v 所对应的归一化有效压力不再是确定不变的初始有效压力 p_0'（常量），这种归一化有效压力 p_e' 应该是随 v 而变化的。所以，它应该是一种随 v 而变化的等效压力。由 1.7.1 节中可以知道：式（1-13）是反映重塑正常固结土材料的本质关系，即这种关系是唯一的。也就是说，对于重塑的正常固结土，只要知道 p' 和 v 中的任意一个，就可以利用式（1-13）求得另外一个。因此，可以采用重塑正常固结土的各向同性压缩公式（1-13）得到归一化有效压力 p_e'，但需要把归一化有效压力 p_e' 解出来，即

$$p_e' = \exp[(N-v)/\lambda] \tag{2-9}$$

式（2-9）中的 p_e' 就是随 v 而变化的，它可作为归一化中使用的等效压力。

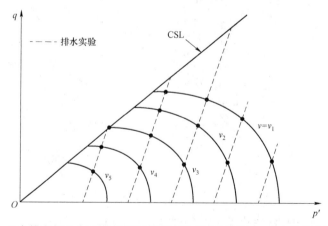

图 2.33　5 个排水与 5 个不排水三轴实验结果在应力空间 $q : p'$ 中的应力路径曲线

图 2.33 中的 5 个等比体积实线曲线实际上也是不排水路径在 5 个不同初始应力下形成的应力路径曲线。

图 2.34 给出了图 2.31 所示三维 Roscoe 空间中排水实验路径 $A_1D_2B_3$ 在归一化应力空间 $q/p'_e : p'/p'_e$ 中的应力路径曲线。图 2.34 所示排水实验路径中的 A_1 点、D_2 点和 B_3 点实际上分别具有不同的比体积 v_1、v_2 和 v_3，但这种三维空间的排水路径由于归一化后，把 A_1 点、D_2 点和 B_3 点分别具有不同的比体积的情况消去了，转变成归一化的、二维的平面应力关系。而图 2.34 中的应力点 A_1 点、D_2 点和 B_3 点隐含着它们分别具有不同的比体积 v_1、v_2 和 v_3。

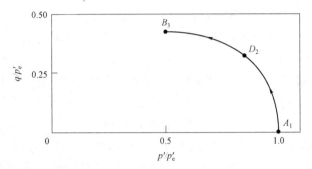

图 2.34　图 2.31 中排水实验路径 $A_1D_2B_3$ 在归一化应力空间 $q/p'_e : p'/p'_e$ 中的应力路径曲线

针对排水和不排水路径构成的 Roscoe 面的唯一性问题，Balasubramaniam 等人（1969）给出了很多正常固结高岭土在排水、不排水和等 p' 实验条件下的归一化应力路径的实验结果，见图 2.35。图 2.35 中的各种应力路径的实验数据已经很好地说明了下面的假定是正确的，即假定：对于所有压缩实验，并且不论何种实验路径，Roscoe 面都是唯一的。

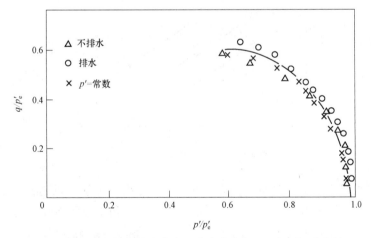

图 2.35　正常固结高岭土在归一化应力空间 $q/p'_e : p'/p'_e$ 中的

应力路径曲线（Balasubramaniam et al，1969）

2.3.6　关于坐标归一化的讨论

前面通过采用归一化的方法，可以把初始条件不同的影响及不同比体积的影响消除掉，并最后得到了反映土的本质规律的关系和曲线。下面将对归一化方法进行一些更加深入的讨论。图2.36给出了点A的状态量e_a，σ'_a，也可能还有剪应力τ_a。土的超固结比和现在所处的状态是确定土的行为的重要因素。具有相同超固结比的所有土的状态，在归一化后，应该理想化为同一等价的状态。图2.36中正常固结线（NCL）和临界状态线（CSL）的位置已经由参数e_0，e_Γ确定了，并且图中AA'线是一条具有相等超固结比的斜线，该线的方程为

$$e_\lambda = e_a + C_c \lg \sigma'_a \tag{2-10}$$

注意：e_λ包含了e_a和σ'_a的影响，并且e_λ随着超固结比的增加而减小。黏土的超固结比是反映土的应力历史的参数，它的定量表达式为：$R_p = p'_m / p'_0 = \sigma'_e / \sigma'_a$，这是一种应力比的表达方式。实际上，图2.36中$A$点的状态还可以有另外一种表达方式，即孔隙比差值的表达方式。正常固结线上与A点具有相同有效压力的孔隙比是e^A，这一孔隙比e^A与A点孔隙比e_a之差（垂直距离）反映了应力历史的影响。通常超固结比越大，它们的差距也越大，孔隙比的变化也越大，e_a就会越小。超固结比等于1，表明（相同有效压力作用下）A点的孔隙比与正常固结土的孔隙比相比是相等的。这也说明，在相同的有效压力作用下，超固结比越大的土，其孔隙比就会越小，也就越密实。因为AA'和正常固结线是平行线，所以$e^A - e_a$与$e_0 - e_\lambda$是相等的。因此，可以用$\sigma'=1$的竖向坐标上不同截距的特征值$e_0 - e_\lambda$代替$e^A - e_a$。另外，也可以用$\sigma'=1$的竖向坐标e_λ的特征值描述土的状态，这将在以后讨论。

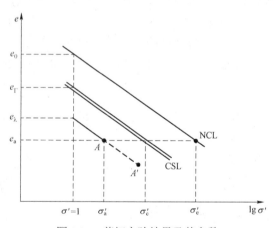

图2.36　剪切实验结果及其参数

归一化方法可以有多种，最常用的方法有两种，这两种方法可以通过图2.37加以说明。图2.37（b）图给出了在归一化坐标中的一维正常固结线和临界状态线，它们归一划后可以表示为2个点。其水平轴为e_λ（由式（2-10）定义的等超固结比线在$\sigma'=1$的竖向坐标上的截距，它取决于e_a和σ'_a），纵轴为τ/σ'（剪应力τ用目前有效压力σ'进行了归一化）。正常固结线在$\tau/\sigma'=0$时，$e_\lambda = e_a$；临界状态线在$\tau/\sigma'=\tan\phi'$时，$e_\lambda = e_\Gamma$。图2.37（b）中很明显地给出了黏土状态的一种划分方法，即等超固结比线的截距e_λ在$\sigma'=1$的竖向坐标上所处的区间和位置及其相应的应力状态。

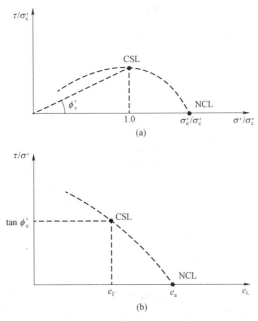

图 2.37 归一化后的正常固结线和临界状态线

第二种归一化方法是采用临界状态应力 σ'_c，是图 2.36 中临界状态线上与 A 点具有相同孔隙比所对应的应力。此时临界状态应力 σ'_c 满足下式：

$$\lg \sigma'_c = \frac{e_\Gamma - e_a}{C_c} \qquad (2-11)$$

图 2.37（a）给出了采用临界状态应力 σ'_c 对两个坐标进行归一化的结果。此时，临界状态线的位置为：$\sigma'/\sigma'_c = 1$，$\tau/\sigma'_c = \tan\phi'_c$；而正常固结线的位置为：$\sigma'_e/\sigma'_c$，$\tau/\sigma'_c = 0$。

然而，第二种方法中也有采用正常固结压力 σ'_e 替代临界状态应力 σ'_c（见图 2.36）进行归一化处理的。采用临界状态应力 σ'_c 进行归一化的好处是：对于给定土来说，临界状态线是唯一的，它与初始条件无关；而正常固结线对各向同性压缩和一维压缩（见 1.8.1 节）则是不同的，此外自然状态土的结构性也会影响正常固结线的位置（截距位置，参考 1.1 节中的图）。

2.3.7 正常固结土的状态边界面

此前，本节讨论的都是正常固结黏土各向同性压缩的情况，下面将讨论黏土略有超固结的情况。图 2.38 给出了 4 个具有不同超固结比（或前期固结压力）黏土土样的回弹曲线，其中：1 点的土样是正常固结土样，其超固结比为 1；2、3、4 点为超固结土样，4 点土样的超固结比最大。取有效应力为 p'_1，该应力与图 2.38 中 4 条曲线相交的 4 个点对应 4 个不同的比体积。这说明，在同样压力作用下，超固结比越大，其相应的比体积就会越小，土样就越密实。从这里也可以看到，在同样压力作用下正常固结土是比体积最大、最疏松的状态。换句话说，正常固结线上方区域的比体积是不存在的，所以正常固结线是一条边界线。

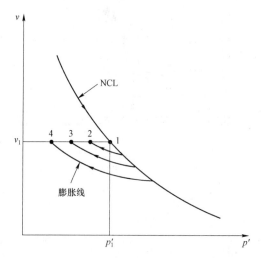

图 2.38　具有 4 个不同超固结比的土样的正常固结线和回弹曲线

与上述情况相同,再把这 4 个具有不同超固结比的土样进行标准的三轴剪切不排水实验,其实验结果在归一化的应力空间 $q/p'_e : p'/p'_e$ 中表示,见图 2.39。其中最右端的应力路径是 Roscoe 面,其超固结比 R_p=1;其他具有略超固结比土样的超固结比分别为(从右到左): R_p=1.2,1.5,2.2。本书 1.6 节中指出:重塑的正常固结土的超固结比是最小的,也就是说不会出现超固结比小于 1 的情况。图 2.39 中水平轴 p'/p'_e 上的不同点表示土样初始时所具有的不同超固结比的状态,这种状态的超固结比不会小于 1。Roscoe 面是从水平坐标轴最右端的点(超固结比为 1)而出发的应力路径,由图 2.39 中略超固结比的应力路径可以看到,这些应力路径都处于 Roscoe 面的左侧,即不会出现在 Roscoe 面右侧的情况。所以,Roscoe 面是应力空间的状态边界面,而重塑土样的应力状态是不会在 Roscoe 面的右侧出现的。

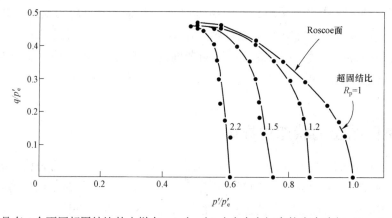

图 2.39　具有 4 个不同超固结比的土样在 $q/p'_e : p'/p'_e$ 应力空间中的应力路径(Loudon,1967)

由上述讨论可以得到以下结论:在 $v:p'$ 应力空间中,正常固结线(初始压缩曲线)是状态边界线,即土的状态不可能处于正常固结线的上方或右侧,见图 2.40(a);在归一化 $q/p'_e : p'/p'_e$ 应力空间中,Roscoe 面是状态边界面,即土的状态不可能处于 Roscoe 面的上方或右侧,见图 2.40(b)。

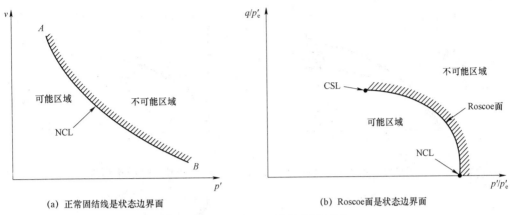

(a) 正常固结线是状态边界面　　　　　　　　(b) Roscoe面是状态边界面

图 2.40　正常固结土的状态边界面

2.3.8　三轴排水路径的一些具体情况介绍

（1）正常固结土三轴排水剪切路径的归一化结果。

实验中发现，在 $q : p'$ 平面内等应变的应力状态连线是从原点出发的直线，见图 2.41 中第 2 行中间的图。在 $q / p' : \varepsilon_1$ 坐标系中剪切实验关系与 p' 无关，这种情况可以参考图 2.42（b）。

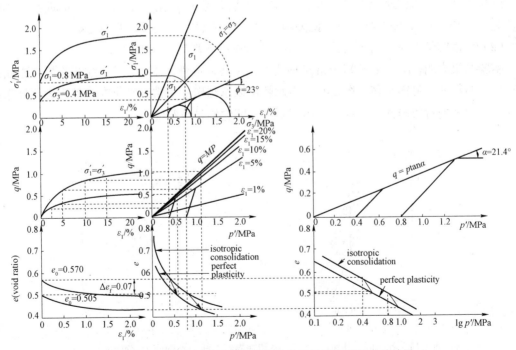

图 2.41　不同坐标系下正常固结土的三轴排水剪切实验结果

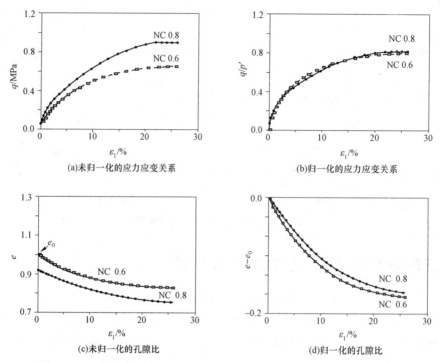

(a)未归一化的应力应变关系   (b)归一化的应力应变关系

(c)未归一化的孔隙比   (d)归一化的孔隙比

图 2.42　正常固结土的三轴排水剪切实验结果归一化和未归一化的比较

结果表明：不同应力状态下，正常固结土在坐标系 $q/p':\varepsilon_1$ 与 $e-e_0:\varepsilon_1$ 中的曲线是相似的，见图 2.42（b）和图 2.42（d）。此外与固结压力 p'_{ic} 也没有关系，见图 2.42。

（2）正常固结土在不同应力比（$\eta=q/p'$）作用下都具有相同的斜率。

实验结果表明，在 $e:\lg p'$ 和 $v:\ln p'$ 应力空间中各向同性压缩、一维压缩和临界状态线都具有相同的斜率，见图 1.16、图 2.43。由此就可以总结出：正常固结土在任何应力比 η 作用下并采用相同的对数坐标时，都具有相同斜率，即它们是平行线。

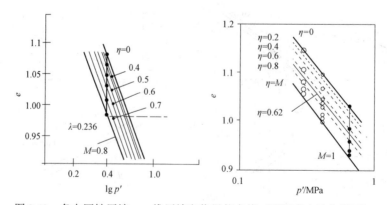

图 2.43　各向同性压缩、一维压缩和临界状态线（不同应力比作用下）

（3）归一化后各变量和参数之间的关系。

图 2.44 给出了松砂各变量和参数之间的关系图示，这 5 个图相互之间都有联系，有利于分析实验结果。其中，γ_d 为干重度。

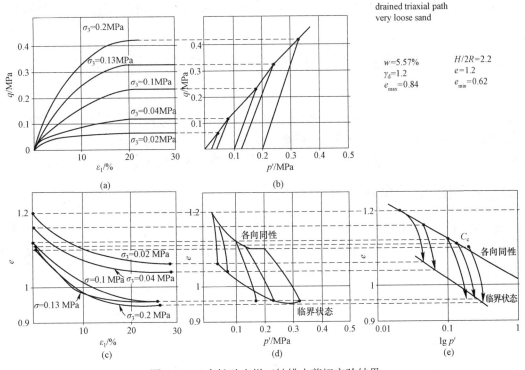

图 2.44　5 个松砂土样三轴排水剪切实验结果

正常固结黏土的实验结果可以较容易地从黏土实验中获得，但砂土正常固结状态的实验通常是比较困难的，这是因为实践中很难得到正常固结砂土的试样（难以使重塑砂土到达最疏松状态）。如果采用略微潮湿的砂土制作试样，并使孔隙比尽可能达到最大，就可以近似地认为其是正常固结砂土，图 2.44 所对应的实验中使用到的土样就是这样制成的砂土样。此时的砂土样的压缩指数 C_c（$=0.1\sim0.2$）和低塑性细粒土的 C_c 是一致的。由此可以看出，正常固结黏土的剪切行为与最疏松砂土的剪切行为相似。

2.3.9　结论

（1）重塑正常固结黏土是一种最疏松状态的土，所以在 $v:p'$ 应力空间中，正常固结线是最顶部的状态边界线。

（2）在三维 Roscoe 空间 $q:p':v$ 中存在一条临界状态线，三轴压缩实验时正常固结黏土的所有路径都会与临界状态线相交，并且整个变形过程在与临界状态线的交点处结束。

（3）正常固结土在三维 Roscoe 空间 $q:p':v$ 中的应力路径（无论是排水或不排水路径）必然处于 Roscoe 面上，并且这些路径都从正常固结线出发并在临界状态线上结束。

（4）Roscoe 面的几何形状为：当 v 为某一常数（不排水情况）时，就会在 Roscoe 面中形成一条曲线，即不排水路径曲线。当 v 为不同数值时，所形成的不同曲线的形状都相同，但 v 值的大小不同。但当采用 $q/p_e' : p'/p_e'$ 应力空间时，则所形成的曲线是唯一的。

（5）在坐标系 $q/p' : \varepsilon_1$ 中，剪切实验曲线与 p' 无关。

（6）正常固结黏土和最疏松砂土在不同应力比（$\eta=q/p'$）作用下都具有相同的斜率。

2.4　超固结土的偏应力作用和体积变形

2.3 节介绍了正常固结土从正常固结线到达临界状态线的剪切变形过程中，正常固结土的变形情况和破坏现象，其中讨论的一些概念如临界状态、状态边界面、Roscoe 面等，能否用于超固结土的情况呢？本节将讨论这些问题。下面先从超固结土的排水实验开始。

2.4.1　超固结土的排水实验

图 2.45 给出了沿正常固结线压缩到点 A 后开始沿着膨胀线卸载，直到点 B。点 B 处于超固结状态，其超固结比为 $R_p = p_{\max}' / p_0'$。实际上，任意膨胀线上的点所对应的土体都处于超固结状态。

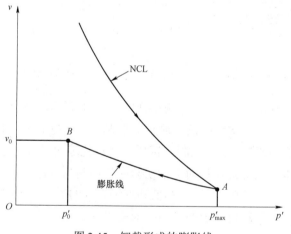

图 2.45　卸载形成的膨胀线

Bishop 和 Henkel（1962）给出了一个典型的 Weald 强超固结黏土样（超固结比 $R_p=24$）的三轴排水实验结果，见图 2.46。

观察图 2.46 中强超固结黏土样排水实验的结果，从图中可以得到以下几点结论。

（1）峰值强度 q_f 高于最后结束时的强度，也必然高于临界状态时的强度。再看图 2.46（c）中排水应力路径必然沿着斜率为 3 的直线上升，到达峰值点 q_f 后，开始下降，并向临界状态线发展，在临界状态线附近结束。

（2）在图 2.46（b）中，土的体积应变的变形过程是：先有很短一段的剪缩，然后就一直剪胀下去。这说明强超固结黏土样较为密实，所以才会出现相变后一直存在的剪胀过程（与正常固结土一直处于剪缩状态不同）。即开始阶段有一小段剪缩状态，相变后就一直剪胀，直到临界状态结束。

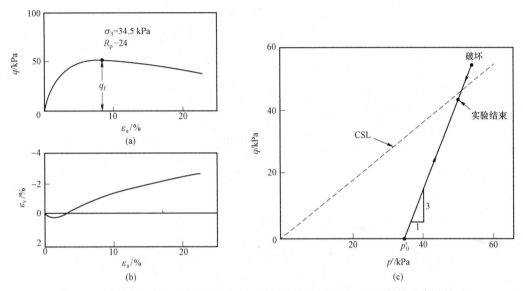

图 2.46　典型的 Weald 强超固结黏土样（超固结比 R_p=24）的三轴排水实验结果

（3）图 2.46（a）中给出的偏应力 q 最后并没有到达临界状态，原因是曲线的最后阶段没有呈现水平线段。也就是说，如果实验继续进行，曲线将继续下降，但不能保持应力和体积不变（见图 2.46（b）），所以还没有到达临界状态。或较大应变时，虽然 q 出现水平线段，但因为应变较大，产生应变局部化并导致错误的结果，参考 2.1.3 节中应变局部化的讨论。

（4）图 2.46（a）和图 2.46（b）两个图中的实验曲线最后的竖向应变值已经超过 20%，经常做三轴实验的人都知道，当试样的应变超过 10% 时，试样已经初始出现鼓肚现象，此时试样的应力分布已经不均匀了，应力与应变的关系此时已经失真。

（5）由图 2.46（a）和图 2.46（b）两个图可以看到，在峰值出现以前就已经出现了剪胀，也就是出现了塑性变形。

2.4.2　超固结土的不排水实验

饱和黏土试样不排水实验有以下结果：当超固结比 R_p 小于 2 时，土样中孔隙水压在剪切过程中持续上升，表现出剪缩特性；当超固结比 R_p 大于 2 时，土样中孔隙水压在剪切过程中先上升后下降，表现出先剪缩后剪胀的特性。

图 2.47 给出了不同超固结比土样的三轴不排水剪切实验结果在不同坐标系中的曲线，通过对比可以看到不同超固结比的影响及其相应曲线的不同之处。其中图 2.47（a）的纵向坐标为大主应力 σ_1'，图 2.47（e）的纵坐标是孔隙水压增量。

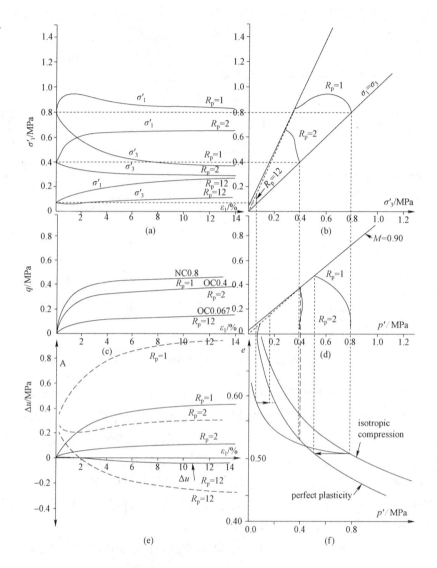

图 2.47　不同超固结比土样的三轴排水实验结果在不同坐标系中的曲线

（注：NC 表示正常固结，OC 表示超固结。）

2.4.3　超固结土的 Hvorslev 面

2.3.6 节中指出：在归一化应力空间 $q/p_e' : p'/p_e'$ 中，Roscoe 面是状态边界面，即土的状态不可能处于 Roscoe 面的上方或右侧，而其左侧则是超固结状态，见图 2.40（b）。

Hvorslev 曾经采用这种归一化应力空间描述土样在剪切盒中的破坏强度。Parry（1960）针对 Weald 强超固结黏土做了一系列三轴剪切实验，图 2.48 给出了在归一化应力空间 $q/p_e' : p'/p_e'$ 中排水和不排水条件下破坏状态的实验数据。

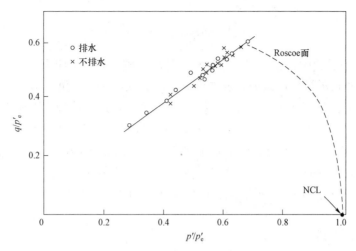

图 2.48 典型的 Weald 强超固结黏土的三轴排水和不排水破坏状态的实验结果（Parry，1960）

由图 2.48 可以看到，在归一化应力空间 $q/p_e' : p'/p_e'$ 中三轴排水和不排水破坏状态的实验数据可以用一条斜直线表示。该直线右侧与 Roscoe 面相交，交点为临界状态线的投影点。这组实验数据可以用图 2.49 表示。

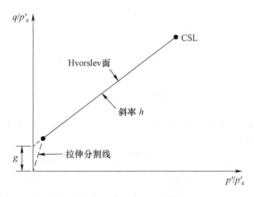

图 2.49 Hvorslev 面

图 2.49 所示的直线称之为 Hvorslev 面，其数学表达式为

$$q/p_e' = g + h(p'/p_e') \tag{2-12}$$

式中，g 为图 2.49 中纵坐标的截距，h 为该图中斜线的斜率。该斜线的最右端是临界状态线的位置点，因此该点有下式：

$$q_f = Mp_f', \quad v_f = \Gamma - \lambda \ln p_f'$$

图 2.49 和式（2-12）中的 p_e' 为等效固结应力。等效固结应力是正常固结线上相应于某一孔隙比 e 的平均有效应力，可以利用正常固结线方程求解：

$$p_e' = \exp[(N-v)/\lambda]$$

把临界状态线的公式和上式代入式（2-12），化简并整理后可得到

$$q = (M - h)\exp\left(\frac{\Gamma - v}{\lambda}\right) + hp' \qquad (2-13)$$

式（2-13）中的偏应力 q 是强超固结土到达峰值破坏时的偏应力，它由两部分组成：其中 hp' 部分是正比于 p' 且可以认为是反映摩擦性质的项；而右端第一项是依赖于目前比体积 v 和超固结土样的常数值（M，h，Γ，λ），所以这一项是比体积 v 的函数。也就是说，强超固结土峰值（强度破坏值）不但依赖于 p'，还依赖于目前状态的比体积 v，这就与莫尔-库仑强度准则不同。莫尔-库仑强度准则仅依赖于 p'。图 2.50 给出了两个强超固结土的排水实验峰值强度曲线，破坏时两个土样具有相同的 p'，但比体积 v_1 和 v_2 不同（$v_1 \geqslant v_2$），其对应的破坏峰值也不同 $q_1' \leqslant q_2'$；而斜线 A_1B_1 和 A_2B_2 是针对不同比体积 v_1 和 v_2 的 Hvorslev 面。

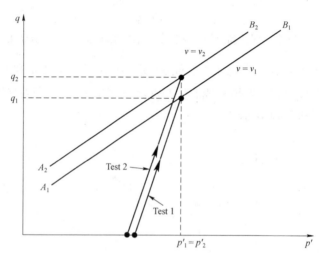

图 2.50 具有两个不同比体积土样的排水实验的峰值破坏状态

式（2-13）也称为 Hvorslev 面方程，其物理含义是：强超固结土不管是沿排水或不排水应力路径，其路径都将达到 Hvorslev 面。这就如同，正常固结土不管是沿排水或不排水应力路径，其路径都终将达到 Roscoe 面。所以它们都是以同样的方式（硬化）到达各自对应的边界面，然后才转向朝着临界状态线的方向发展。因为 Hvorslev 面上的各点均是峰值点，所以 Hvorslev 面也是一状态边界面，即强超固结土不管是沿排水或不排水应力路径，其路径不可能超过 Hvorslev 面。因此强超固结土样的应力路径都是在 Hvorslev 面的下方，而不可能处于 Hvorslev 面的上方。由图 2.51 可以看到 Hvorslev 面和 Roscoe 面相交，它们的交点（线）是临界状态线。值得注意的是：式（2-13）不适用于 p' 较小（弱超固结比）的情况。

三轴实验时围压最小为零（因为通常假定土不能承受拉应力），这时三轴仪中土样的应力状态为 $q = \Delta\sigma_a$，$p' = (1/3)\Delta\sigma_a$，所以 $q/p' = 3$。这意味着土不能承受有效拉应力的限制，其应力状态只能在过原点并且其斜率为 $q/p' = 3$ 的直线以下的区域内，否则，在该直线上方的任意一应力状态点，过该点作一条 $q/p' = 3$ 的直线（土样应力状态的要求），该直线必然与水平轴交于拉应力区。也就是说，该应力路径是处于拉应力区，但这是不容许的。图 2.49 中过原点的虚线就表示这一限制，该虚线也是一状态边界面，称之为无拉力面。

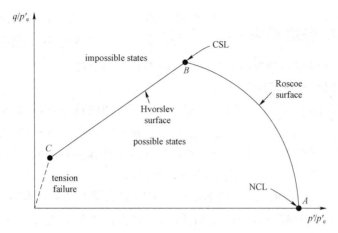

图 2.51　归一化应力空间 $q/p'_\mathrm{e} : p'/p'_\mathrm{e}$ 中完整的状态边界面

实际上强超固结土到达 Hvorslev 面以后，是否转向朝着临界状态线的方向发展，这是需要通过实验加以证实的。目前的实验结果表明，强超固结土样到达 Hvorslev 面以后会出现软化，所以临界状态强度小于 Hvorslev 面的峰值强度，见图 2.46（c）。但强超固结土样到达 Hvorslev 面后是否从 Hvorslev 面继续发展，并最后到达临界状态，这却难以证实。这主要是因为以下两点。①强超固结土样到达临界状态需要有较大的应变，这种程度的应变在三轴仪试样的几何外形不发生较大改变（试样中间不出现鼓肚）时是不可能产生的。②峰值强度后强度降低，出现不稳定，土中应变会集中于软化了的狭窄带，试样不再是均匀的了，即产生了应变局部化。这时用试样边界上的测量值确定这种局部软化土的状态是困难的。就目前的认识和已有的实验结果可以做如下假定：不论土的初始状态如何（正常固结或超固结），其临界状态是相同的。也就是说，超固结土最终也会到达临界状态，并且这一临界状态和正常固结土所到达的临界状态是同一临界状态（临界状态的唯一性），参考图 2.3。

▲ **例 2-4（计算土样在 Hvorslev 面上破坏时的偏应力值）** 已知：三个土样 A，B 和 C 都在 Hvorslev 面上发生破坏，破坏时的比体积和平均有效应力用 v 和 p' 表示。土样 A：$v=1.90$，$p'=200\,\mathrm{kPa}$；土样 B：$v=1.90$，$p'=500\,\mathrm{kPa}$；土样 C：$v=2.05$，$p'=200\,\mathrm{kPa}$。黏土参数为 $N=3.25$，$\lambda=0.2$，$\Gamma=3.16$，$M=0.94$，$h=0.675$。计算各土样在破坏时的偏应力 q。

解： 利用 Hvorslev 面方程式（2-13），偏应力 q 可以按下式计算：

$$q = (M-h)\exp\left(\frac{\Gamma-v}{\lambda}\right) + hp'$$

将已知的参数代入，计算结果汇总于表 2.2 中。

表 2.2　计算结果

	土样 A	土样 B	土样 C
v	1.90	1.90	205
p'/kPa	200	500	200
q/kPa	279	482	203

2.4.4 完整的状态边界面

本节将讨论完整的状态边界面及临界状态线在其中的位置。

1. 不排水路径的状态边界面

图 2.51 给出了在归一化应力空间 $q / p_e' : p' / p_e'$ 中完整的状态边界面和临界状态线的位置。然而，图 2.51 仅给出了等比体积 v 截面或不排水截面的状态边界面的情况。当然，不同比体积的不排水截面的边界面的形状都是相同的（除了比体积不同）。另外，图 2.51 中的 A 点总是在正常固结线上，并决定了该截面 v 值的大小。

图 2.52 给出了在三维 Roscoe 空间 $q : p' : v$ 中完整的状态边界面和临界状态线的位置。图 2.52 中等比体积 v 的截面就是图 2.51 所示的截面，不同之处仅在于它们的坐标是不同的。

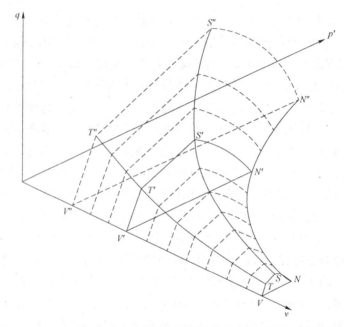

图 2.52　Roscoe 空间 $q : p' : v$ 中完整的状态边界面和临界状态线的位置

值得注意的是，不排水等比体积的应力空间中（见图 2.51）临界状态线是偏应力最大的峰值点。观察图 2.51 中的状态边界面发现，好像不排水时临界状态的偏应力大于强超固结土的峰值偏应力。实际上不排水强超固结土的破坏情况是由图 2.53 中 A 点左侧 BA 线决定的，而 A 点右侧略超固结土的破坏是由图 2.53 中的临界状态线的延长线决定的。正常固结土的破坏由虚线标示的临界状态线决定，而超固结土的峰值偏应力是大于正常固结土的临界状态的。实际上超固结比越大（越靠左侧），土就越密实，偏应力峰值也会越大，与虚线的距离也越大。

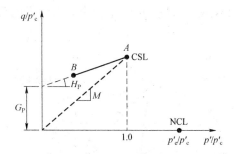

图 2.53 正常固结线（斜率为 M 的虚线）和超固结破坏线（BA 线）

Loundon（1967）给出了一组高岭土不排水实验在归一化应力空间的实验结果，见图 2.54，图中尖角处已经被削圆。图 2.54 中给出的应力路径可以近似地认为是垂直向上的，由此可以假定：超固结土不排水的理想化应力路径为图 2.55 给出的应力路径。

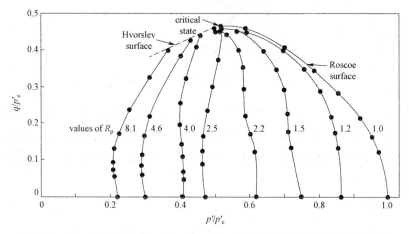

图 2.54 归一化应力空间 $q/p'_e : p'/p'_e$ 中一组超固结土样不排水应力路径

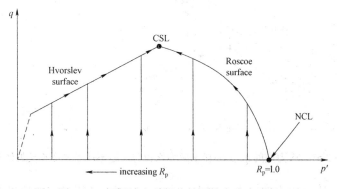

图 2.55 超固结土理想化的不排水应力路径

2. 排水路径的状态边界面

图 2.56 给出了在三维 Roscoe 空间 $q:p':v$ 中一个排水路径的截面及该截面与各个状态边界面相交的情况。

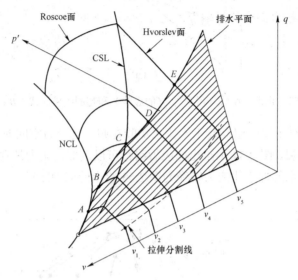

图 2.56 三维 Roscoe 空间中的排水平面

图 2.57 给出了应力空间 $q:p'$ 中排水应力路径与一组不排水平面相交的情况，由此可以看到应力路径中不同点 A、B、C、D、E 所对应的不同的比体积 v_i（$i=1,2,3,4,5$）。图 2.56 中给出了 5 个不同比体积的边界面，这 5 个不同比体积的边界面在 $q:p'$ 平面的投影见图 2.57。

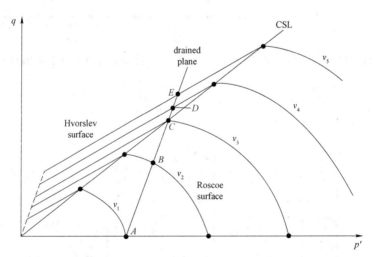

图 2.57 应力空间 $q:p'$ 中排水应力路径与一组不排水平面相交的情况

图 2.57 表明，排水应力路径中不同点 A、B、C、D、E 所对应的边界面具有不同的比体积，边界面上随着 p' 的增大，相应比体积 v 减小；而排水应力路径也从正常固结线上的 A 点

出发，经过 B 点（Roscoe 面）和 C 点（临界状态线）一直到达峰值 E 点，再由峰值 E 点返回到临界状态线 C 点，其过程中各点的比体积是不同的。

图 2.58 给出了三维 Roscoe 空间某一排水平面中边界面透视图（图 2.56 中阴影部分所示排水平面上边界的透视图）。图 2.58 中竖向坐标轴 a 是图 2.56 中排水平面上边界与 $q=0$ 的底部平面的距离，随着排水面上边界偏应力值 q 的增大（向上），其偏应力值所对应的排水面上边界与 $q=0$ 的底部平面的距离 a 也随之增大。由图 2.59 所示的几何示意图可得到 a 与 q 的关系为：$a = \dfrac{\sqrt{10}}{3}q$。

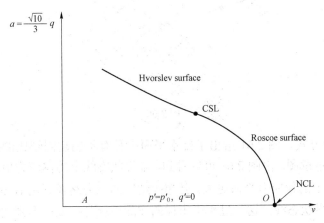

图 2.58 排水截面与边界面相交的示意图

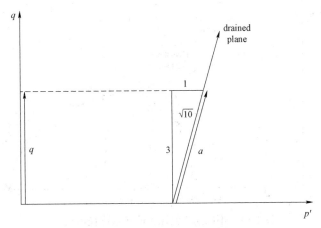

图 2.59 排水截面的几何示意图

图 2.58 中由正常固结线 O 点向左的 OA 水平轴就是图 2.60 中 OA 线的表示。在图 2.60 中，沿 OA 线越往下（图 2.58 水平轴 v 越向左），即越靠近 A 点，其超固结比就越大。这实际上就表示了超固结比越大，其相应的比体积越小，也越密实。

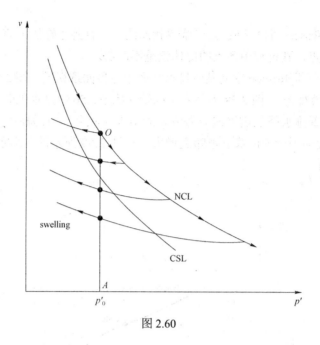

图 2.60

按照图 2.58 的方式，图 2.61 给出了排水平面中具有不同超固结比的土样在排水剪切实验时的理想路径的示意图。由图 2.61 可以看到，临界状态线上的偏应力值 q_c 不是最大值，它的左侧 Hvorslev 面上的偏应力峰值更大。强超固结土的应力路径到达 Hvorslev 面后，则沿着Hvorslev 面移向临界状态线。这一过程中土样的实际情况是：偏应力到达峰值（与 Hvorslev面相交）后，开始出现软化和不均匀，只有在剪切滑移带中的土才会出现软化、向下移动，并移向临界状态线，而土的其他部分则不会出现明显的软化情况。

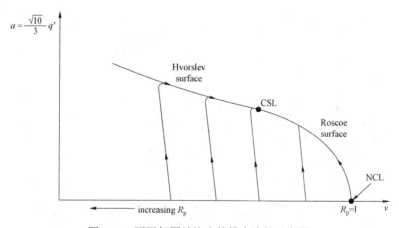

图 2.61　不同超固结比土的排水路径示意图

图 2.61 中靠近左侧的土是强超固结比土，通常强超固结比越大，则峰值破坏与最后的临界状态线的距离越远，它们偏应力的差值也越大。图 2.62 给出了具有不同超固结比的土在不排水三轴剪切实验中它们的整个过程的路径图。为了进行比较，分别考察土样 1（超固结比最大的土样）和土样 5（正常固结土样）。先看图 2.62（b）中排水应力空间的路径，由于是

排水路径，它们的路径是一组平行线，并具有 $q/p'=3$ 的斜率。土样 1 由于是强超固结土样，它的峰值偏应力大于其临界状态偏应力，即其路径从 p' 轴出发，沿具有 $q/p'=3$ 的斜率的直线向上，到达峰值后沿原路径返回，直到与临界状态线相交才结束；而土样 5 是正常固结土样，所以它的峰值偏应力等于其临界状态偏应力，其路径是从 p' 轴出发，沿斜率 $q/p'=3$ 的直线向上，直到与临界状态线相交而结束。由图 2.62（b）可以看到：正常固结土和略微超固结土的偏应力峰值与其临界状态值是相等的。下面再考察 $v:p'$ 空间的路径情况。强超固结土样 1 处于临界状态线的左侧区域（剪胀区），它先剪缩，到达相变点后开始剪胀，并一直剪胀到与临界状态线相交才结束；正常固结土样 5 处于临界状态线的右侧区域（剪缩区），它一直剪缩，最后到达临界状态线才结束。

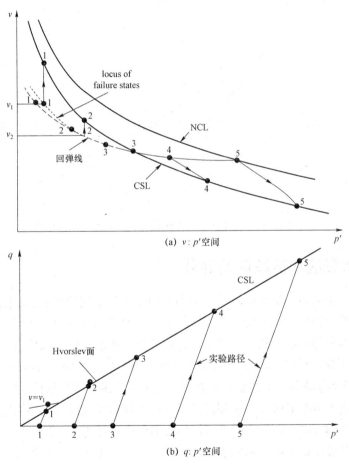

(a) $v:p'$ 空间

(b) $q:p'$ 空间

图 2.62 不同超固结比土在不同应力空间的整个排水路径

图 2.63 将上述不排水和排水路径的实验结果进行了对比，图中 A 和 B 的初始围压 p' 相同，但 A 点对应的是正常固结土，B 点对应的是强超固结土。对于排水路径，两土样在图 2.63（a）中的初始路径相同，即均沿着斜率为 3 的直线上升，A 点对应的土样在到达 W 点发生破坏，而 B 点对应的土样则可继续上升，随后下降至 W 点发生破坏。图 2.63（b）给出了体

积变化过程，从 A 点到 W 点一直剪缩，而从 B 点到 W 点则是先缩后胀。对于不排水路径，两土样有较大差别。图 2.63（a）中 A 点对应的土样沿着 AU 加载至 U 发生破坏，而 B 点对应的土样则沿着 BV，在其第二次到达临界状态线（V 点）处发生破坏。

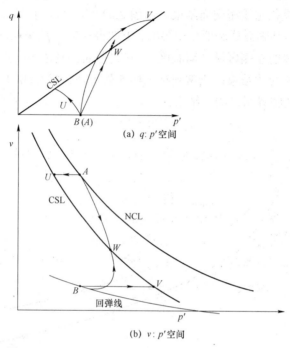

(a) $q:p'$ 空间

(b) $v:p'$ 空间

图 2.63　同一强超固结比土样的排水与不排水实验路径

2.4.5　土的剪胀区和剪缩区的划分

从前面的论述中可以知道正常固结土和弱超固结土处于较疏松状态，因此它们在剪应力作用下会出现剪缩。强超固结土处于较密实状态，因此它们在剪应力作用下会出现剪胀。实际上，土的剪胀和剪缩不但与孔隙比相关，它们还与土所承受的有效应力相关。临界状态是稳定状态，体积不变，此时土既不剪缩也不剪胀。因此在图 2.64 所示的 $v:p'$ 平面中，临界状态线（虚线为临界状态线，土在临界状态线上是既不剪缩也不剪胀的）把土分成两个区域。当土为黏土时，出现剪胀的区域为强超固结土区，出现剪缩的区域为略微超固结土区和正常固结土区，见图 2.64（a）。当土为砂土时，出现剪胀的区域为密实砂土区，出现剪缩的区域为松砂土区和正常固结砂土区，见图 2.64（b）。由此可以想象，一把握在手中的饱和砂土，当手对土施加剪应力（保持平均有效应力不变）并产生较大变形时，如果手中的砂土处于正常固结砂土区或松砂土区，则砂土会因剪缩而排水，使手变湿；如果手中的砂土处于密实砂土区，则砂土会因剪胀而吸水，使手保持干燥不变。所以 Roscoe 称密实砂土区为干区，而称正常固结砂土区或松砂土区为湿区。

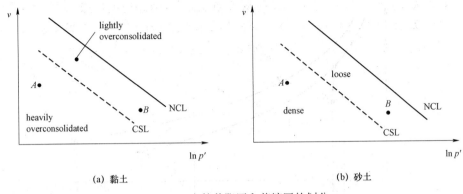

(a) 黏土　　　　　　　　　　　　　(b) 砂土

图 2.64　土的剪胀区和剪缩区的划分

　　上面讨论土的剪胀和剪缩区域的划分一般针对排水情况。不排水条件下土的行为又如何？不排水条件通常会导致土的比体积不变，这时土在剪胀区和剪缩区的剪切行为是通过其内部产生孔隙水压的正负情况而得到反映的。通常处于剪缩区的土在剪切过程中会产生正孔隙水压（例如，正常固结土在剪切时会产生正孔压），如图 2.65 所示情况。其中图 2.65（b）在同一坐标中把总应力与有效应力分别表示出来，而两个土样的总应力与有效应力的差值就是孔隙水压，图中给出了最终的差值为孔隙水压 u_A 和 u_B。通常处于剪胀区的土在剪切过程中会产生负孔隙水压（例如，强超固结土在剪切时会产生负孔压），如图 2.65 所示情况。图 2.66 给出了排水条件下正常固结和强超固结土样的剪切变形过程的图示。

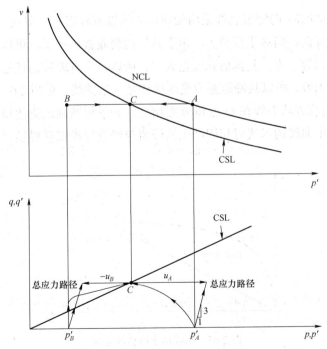

图 2.65　不排水条件下正常固结和强超固结土样的路径

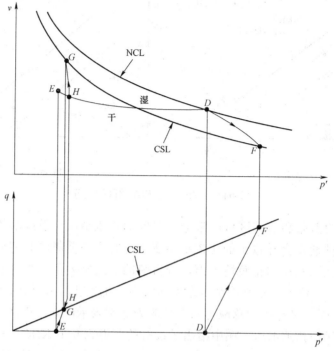

图 2.66 排水条件下正常固结和强超固结土样的路径

2.4.6 超固结土峰值边界面的其他形式

2.4.3 节中强超固结土的峰值包线采用最简单的线性方程表示，即式（2-13），并以此线性方程作为状态边界面。但对于重塑土，由于其结构彻底被破坏了，可以认为其已经没有黏聚力了，即有效应力等于零，其抗剪强度也为零。所以，当有效应力接近坐标原点时，超固结土的峰值包线也为零，所以其峰值强度包线应该是一条曲线，见图 2.67 中的 OAB 虚线段。该峰值包线 OAB 与临界状态线在 O 点和 B 点相交。为了更准确地描述超固结土峰值包线的这种情况，可以采用曲线的形式对超固结土的峰值包线进行模拟和描述。

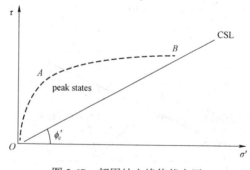

图 2.67 超固结土峰值状态区

可采用较为简单的幂函数方程对超固结土的峰值包线进行描述，即

$$\tau_p = A(\sigma_p')^B \qquad (2-14)$$

式中，下角标 p 是表示峰值的含义，A、B 是两个拟合参数。B 是描述曲线弯曲程度的参数，B 值越小，曲线的曲率就越大。当 B 等于 1 时，$A = \tan \phi_c'$，即摩擦系数。A、B 是依赖于土的状态的参数，它们依赖于孔隙比或含水率。

注意图 2.67 中的峰值包线是等比体积的曲线，采用与前面相同的做法，利用临界状态的有效压力 σ_c' 进行归一化处理，见图 2.68，则式（2-14）变为

$$\frac{\tau_p}{\sigma_c'} = A\left(\frac{\sigma_p'}{\sigma_c'}\right)^B \qquad (2-15)$$

注意峰值包线与临界状态线在 B 点相交，见图 2.67，即两条线在该点上的应力相等，所以在 B 点上有

$$\left[\frac{\tau_p}{\sigma_c'}\right]_c = \tan \phi_c' = A$$

所以，式（2-15）就变为

$$\frac{\tau_p}{\sigma_c'} = \tan \phi_c'\left(\frac{\sigma_p'}{\sigma_c'}\right)^B \qquad (2-16)$$

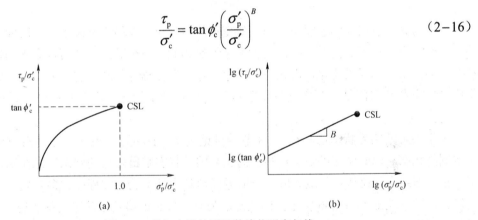

图 2.68 剪切实验的幂函数峰值强度包线

把式（2-16）等号两端同取以 10 为底的对数，得到

$$\lg\left(\frac{\tau_p}{\sigma_c'}\right) = \lg\left(\tan \phi_c'\right) + B\lg\left(\frac{\sigma_p'}{\sigma_c'}\right) \qquad (2-17)$$

所以在双对数坐标下，式（2-16）的曲线关系（见图 2.68（a））就变成为线性关系（见图 2.68（b））。式（2-17）中的参数 B 的物理意义与式（2-14）中的相同，是描述曲线弯曲程度的参数。

三维轴对称情况下超固结土的峰值包线见图 2.69，可以由下式表示：

$$\frac{q}{p_c'} = M\left(\frac{q}{p_c'}\right)^B \qquad (2-18)$$

式中，参数 M 是临界状态时土的摩擦系数，β 是材料参数，它仅依赖于土的本征性质。式（2-18）在图 2.69 中所示的曲线是一个等比体积的峰值包线，该式中不同的比体积隐含在临界状态的有效压力 p_c' 中，而 p_c' 与比体积 v 的关系见式（2-3）。

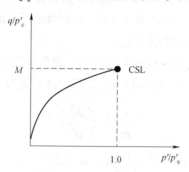

图 2.69 三轴剪切实验的幂函数峰值强度包线

2.5 砂土的偏应力作用和体积变形

砂土与黏土有很大的区别与不同。从变形的角度讲，在静力情况下，一般砂土的刚度可能大一些，强度也可能会高一些，但也不是绝对如此。对于砂土，能否像黏土的情况一样，在统一的框架下进行描述呢？也就是说，砂土是否存在临界状态，它又如何确定？砂土的正常固结状态和正常固结线是如何确定的？如何确定砂土的边界面？超固结比适用于描述砂土吗？

关于砂土的临界状态已经在 2.1.3 节中讨论过了，此处不再赘述。下面首先讨论砂土的正常固结状态。由前述可以知道重塑土的正常固结状态是最疏松的状态，即在确定有效应力下，正常固结土的比体积是最大的。一般天然地基中砂土的密实程度大多是处于中等密实程度以上，即可能处于图 2.66 中干区的状态。另外，砂土的最疏松状态是很难得到和确定的，通常采用不同制样方法可能会得到不同的最疏松状态及与其相应的比体积。所以实际中通常是不可能得到严格意义上的正常固结砂土，也很难得到与黏土完全相同的剪切实验结果。但如果采用轻微潮湿的砂土制取孔隙比尽可能大的试样，则可近似将其认为是正常固结砂样。前面图 2.44 给出了松砂三轴排水实验的结果，这一结果与黏土的实验结果相似。这时砂土的压缩指数 C_c（$0.1 \sim 0.2$）与低液、塑性指数的细粒土的 C_c 是一致的。在颗粒不破碎的情况下，很难通过正常密度砂土的固结实验来确定正常固结砂土的压缩曲线，因为必须在非常大的有效压力下才能取得，见图 2.70。对于正常密度的砂土，固结实验首先观测到的是没有发生颗粒破碎的超固结状态的行为（见图 2.70 中压缩固结曲线破碎前的部分），随后破碎发生，孔隙比明显减小，并导致曲线斜率增大，此时才是正常固结线。

由图 2.70 可以看出：对于砂土来说，存在的困难是，在 $e : \lg p'$ 空间中正常固结线的斜率 C_c 和 N 难以确定，因为 C_c 必须在很大的有效压力下才能取得，而确定 N 时压应力太小，砂样会坍塌。

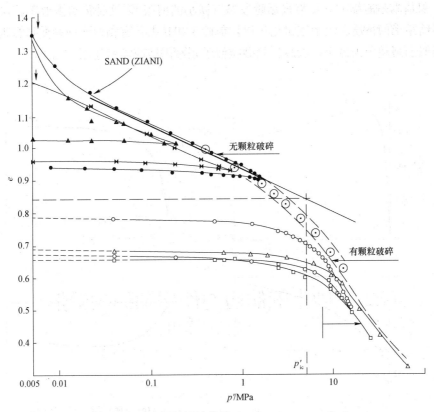

图 2.70　砂土固结压缩曲线（Biarez et al，1994）

　　砂土的峰值是存在的，即砂土也具有 Hvorslev 面，而砂土的正常固结状态也可以近似地认为存在。所以可以假定：砂土存在临界状态、Hvorslev 面和 Roscoe 面及无张拉应力边界面。

　　最后讨论一下砂土的超固结比。由于砂土的正常固结状态和正常固结线难以准确确定，所以砂土的前期固结压力也难以准确确定，由此导致砂土的超固结比不能准确确定。所以，砂土一般都是根据其密实程度确定其力学行为，而很少使用砂土的超固结比。

　　另外，砂土在围压为零时难以维持其稳定性，会出现坍落。这也是为何采用水平坐标轴 p' 最小值是 1，而不是 0（通常不容许出现 $p' \leq 0$）；曲线与纵坐标轴的截距是在 $p'=1$ 时的截距，而不是通常在 $p'=0$ 时的截距，见式（1–13）和图 1.9。

　　接下来主要根据砂土的密实情况与黏土相类比，介绍砂土的变形性质和破坏过程。

2.5.1　砂土三轴排水实验的结果

　　图 2.71 分别给出了密砂和松砂典型的三轴应力和变形的排水实验结果。从图 2.71（a）中可以看到，密砂在偏应力的作用下，体积先有一小段剪缩，然后就一直剪胀下去，直到最后停止实验（其应变已经超过 20%，但还没有到达临界状态，因为最后阶段的曲线没有呈现水平），这种现象类似于强超固结土的性质。从图 2.70（b）中可以看到，在偏应力的作用下

松砂的体积基本是剪缩的（虽然最后阶段略有微小的剪胀），这种现象类似于正常固结黏土或弱超固结黏土的性质。由上述讨论可以知道砂土和黏土具有相似的剪切变形行为，密砂和中密砂类似于强超固结黏土，较疏松的砂类似于正常固结或略微超固结黏土。

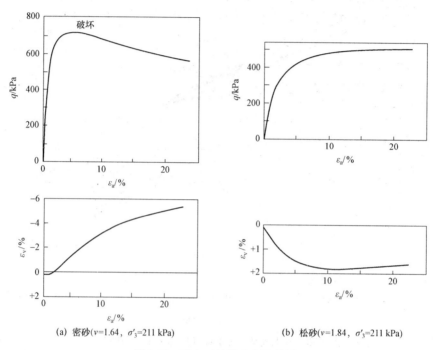

(a) 密砂（v=1.64，σ'_3=211 kPa）   (b) 松砂（v=1.84，σ'_3=211 kPa）

图 2.71 砂土三轴排水实验结果

图 2.72 给出了三个砂样在不同初始比体积、不同初始围压下三轴排水压缩实验的数据曲线。三个初始比体积分别为 1.31、1.75、2.05，初始围压分别为 6.21×10^4 kPa、98 kPa、98 kPa。仅从砂土的比体积看，实心黑点对应的比体积最大（v_0=2.05），是最疏松的砂土。但是三个砂样承受的初始围压却相差悬殊，实心黑点对应的砂样围压为 6.21×10^4 kPa，超过另外两个砂样所承受围压的 621 倍，即围压相差非常大。它们的实验结果如下所述。

（1）图 2.72 中空心三角对应的土样的比体积最大也是最疏松的砂样，它的实验结果属于松砂土样的行为（湿区），即其偏应力只有硬化，没有软化，最后到达峰值状态，即达临界状态。其体积也不断剪缩，直到最后呈现水平直线段（体积不变）。

（2）图 2.72 中空心圆对应的土样的比体积居中，属于密砂的比体积范围。它的实验结果属于密砂（干区）行为，即其偏应力在开始阶段是硬化，到达峰值后，呈现软化，最后走向临界状态。其比体积是先剪缩，到达相变点后开始出现剪胀，一直剪胀到最后开始呈现水平直线段。

（3）图 2.72 中实心黑点对应的土样的比体积最小，仅从体积看，属于最密实的砂样。但其围压超过其他两个砂样围压的 621 倍。大家应该知道：砂土的密实程度及其行为不但取决于其比体积（孔隙比），还依赖于其所承受的有效压力，即同样的比体积，土的有效压力越大，就越表现出更松散（或超固结比越小）的土的行为；反之，同样的比体积，土的有效压力越小，就越表现出更加密实（或超固结比越大）的土的行为（但也要注意：有效压力为零，摩擦抗力也等于零，此时超固结却不会无限大）。这是由砂土的摩擦性质决定的。所以，实心黑点对应的实验结果表现出具有松砂的行为和特点，即变形过程中只有硬化，没有软化，最后到达峰值状态（临界状态）；体积也不断剪缩，直到最后呈现水平直线段（体积不变）。这也表明，增大有效围压会使土的超固结比减小，砂土的密实程度也会减小（变得更加疏松）。

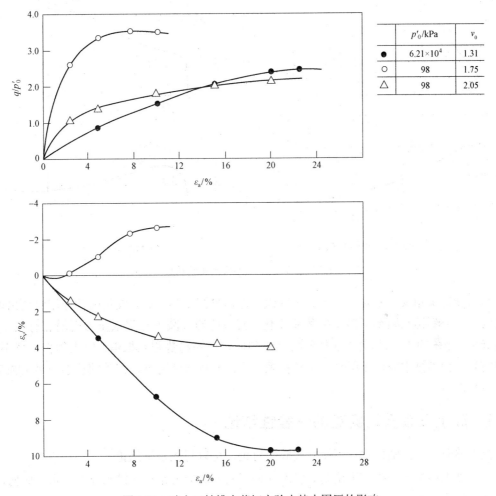

	p'_0/kPa	v_0
●	$6.21×10^4$	1.31
○	98	1.75
△	98	2.05

图 2.72　砂土三轴排水剪切实验中特大围压的影响

2.5.2　砂土三轴不排水实验的结果

图 2.73 分别给出了密砂和松砂典型的三轴压缩不排水实验结果。

砂土三轴不排水实验的结果与黏土的情况也是类似的。疏松的砂土（处于剪缩区或湿区，见图 2.73（b））剪切时会出现剪缩趋势，但由于不排水限制了砂土的体积变化，由此只能通过增加孔隙水压力而减小有效压力，导致产生体积回弹趋势。这种剪缩和体积回弹相互抵消，砂土体积保持不变。这就是松砂三轴不排水剪切会产生孔隙水压力的原因。三轴不排水情况下，松砂的状态与黏土的正常固结状态或略微超固结状态非常相似。

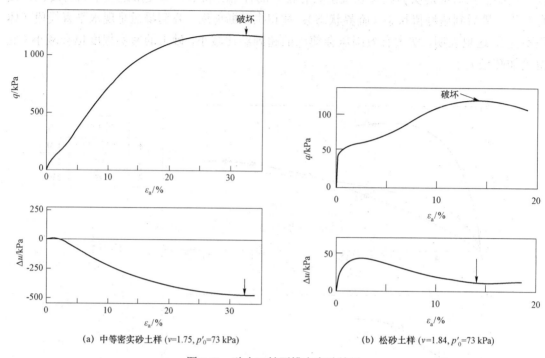

(a) 中等密实砂土样 ($v=1.75$, $p'_0=73$ kPa)　　(b) 松砂土样 ($v=1.84$, $p'_0=73$ kPa)

图 2.73　砂土三轴不排水实验结果

与松砂情况相反，密砂（处于剪胀区或干区，见图 2.73（a））发生剪切作用时会出现剪胀趋势，由于不排水限制了砂土的体积变化，其只能通过减小孔隙水压力而增加有效压力，这将导致体积产生压缩趋势。这种剪胀趋势和体积压缩趋势相互抵消，砂土体积保持不变。所以密砂三轴不排水剪切作用会产生负孔隙水压。不排水情况下，密砂的状态与黏土强超固结状态非常相似。

2.5.3　砂土三轴剪切实验的一般性结论

根据前面砂土三轴排水与不排水实验的讨论，可以得到以下结论。

（1）砂土同黏土一样，不论初始状态（松或密）和应力路径（排水或不排水）如何，最终会到达临界状态，见 2.1 节，但砂土的峰值状态是与初始条件相关的状态。

（2）砂土同黏土一样也存在类似于正常固结、略微超固结和强超固结的状态，只是其正常固结状态通常难以准确确定，而前期固结压力是在正常固结线上的，由此导致前期固结压力也难以准确确定。所以对于砂土，很少提及或采用超固结比的概念。砂土通常是根据它的密实程度来描述其状态的。因此在剪应力作用下，砂土也会表现出剪缩或剪胀。通常很松的砂土呈现类似于正常固结土或略微超固结土的行为，即剪缩；中密砂或密砂呈现类似于强超固结土的行为，即剪胀。因此砂土的性状和行为也同样可以用式（1-13）、式（1-14）描述砂土各向同性压缩；用式（2-2）、式（2-3）描述砂土的临界状态线；用式（2-13）描述砂土的峰值，即 Hvorslev 面。

（3）采用 Hvorslev 面即式（2-13）描述土的状态边界面也是一种简单、理想化的结果，实际情况可能会与式（2-13）的描述有偏差，参考 2.4.6 节。在使用时应该清楚和理解产生这种偏差的机理和原因。图 2.74 和图 2.75 分别给出了砂土和黏土的峰值曲线。图 2.74 中的砂土峰值线是曲线而不是直线，关键是其起始点在坐标原点上（与 Hvorslev 面即式（2-13）不同）。黏土的情况见图 2.75，其峰值线在接近原点（$p'=0$）时，其细小的虚线部分是曲线而不是直线，其起始点也是在坐标原点上，与 Hvorslev 面截距不同。

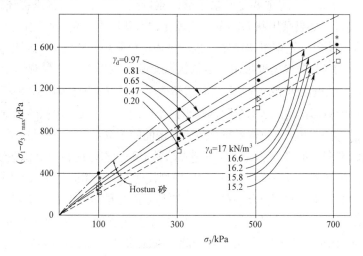

图 2.74　砂土峰值强度和围压的关系

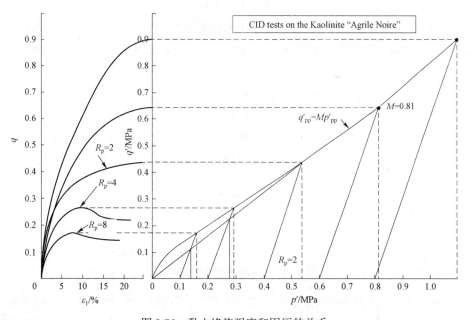

图 2.75　黏土峰值强度和围压的关系

2.5.4 砂土的状态参数

土的状态是非常重要的，这是因为土将来的行为和力学性质取决于它目前所处的状态。例如饱和土的临界状态由下面的变量决定：q_c，p_c'，e_c，因为临界状态反映了土的本征性质，它相对简单，不依赖于它以前的状态。但当考虑超固结土和砂土的力学行为时，它们的情况会复杂很多，仅用 q, p', e 这三个变量就不够了。从力学的角度，就饱和黏土而言，决定其状态的量是以下三个量的组合：孔隙比、有效压力和超固结比。也就是说，仅采用孔隙比 e（或比体积 v）和有效应力（$q:p'$）是不够的，例如剑桥模型就没有采用超固结比作为独立变量，因此也不适合描述强超固结的情况，这主要是变量不够，难以把超固结土的状态描述得准确、完备。

就饱和砂土而言，如果采用状态的量：孔隙比、有效压力和超固结比，这种方式是不太合适的，主要原因是超固结比不能准确确定。也就是说，仅采用孔隙比 e（或比体积 v）和有效应力（$q:p'$）是不够的（剑桥模型就采用了这些状态变量），这些状态变量难以描述砂土的剪切变形情况。例如，同一地点取两个砂样，并将其重塑成两个具有不同孔隙比的砂样，采用同样的实验方法和施加同样的剪切作用，这两个砂样却得到不同的响应：其中疏松砂样的响应是剪缩，而密实砂样的响应是剪胀。即砂土的体积与有效应力之间的关系不具有唯一性。产生这种情况的原因是描述砂土的状态变量不够、不完备。描述超固结黏土的状态时还有一个状态变量即超固结比，这个状态变量在剑桥模型中没有采用，所以剑桥模型仅适用于正常固结土或略微超固结土。因此，砂土也需要一个类似于描述超固结状态的量，而这种量最好是与砂土的密实程度相关，因为砂土的密实程度是控制砂土力学行为的重要因素。2.5.1 节指出了砂土的密实程度不但与孔隙比的大小有关，它还与所承受的有效围压相关。鉴于此，Been 和 Jefferies 于 1985 年提出了砂土状态参数 ψ 的概念和定义。ψ 作为描述砂土密实程度的度量，其表达式如下：

$$\psi = (e - e_c)_{\sigma'} \qquad (2-19)$$

式中，ψ 为状态参数，下标 σ' 为当前有效压力，e 为当前状态的孔隙比，e_c 为临界状态线（CSL）上有效压力为当前应力 σ' 时的孔隙比，称为临界状态孔隙比，见图 2.76。

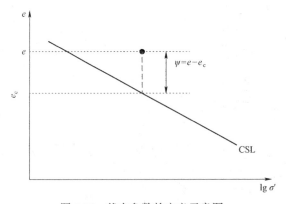

图 2.76 状态参数的定义示意图

2.4.5 节根据临界状态线的概念给出了剪胀区和剪缩区的划分。实际上，在图 2.76 中土的目前状态（例如孔隙比 e）与临界状态线的竖向距离（等 σ' 时）越远，其剪缩（或剪胀）的趋

势也越大，土也就越疏松（或密实）。当砂土处于临界状态线的上方时，此时 $e > e_c$，$\psi > 0$，表明砂土处于疏松状态，它在剪应力的作用下将会剪缩；并且 ψ 值越大，砂土就越疏松，剪缩势也越大。但重塑砂土的孔隙比必须小于正常固结线上（相同有效压力）的孔隙比，因为正常固结线为边界线。当砂土处于临界状态线的下方，此时 $e < e_c$，$\psi < 0$，表明砂土处于密实状态，它在剪应力作用下将发生剪胀，并且 $|-\psi|$ 越大，砂土就越密实，剪胀势也越大。

下面将根据土的状态和归一化方法定义土的状态。图 2.77 与图 2.36 相似，表示了图中 A 点（σ'_a，e_a）的状态及临界状态线的情况。A 点距临界状态线的竖向和水平距离分别为（见图 2.77（a））

$$S_v = -\psi = -(e_a - e_c)_{\sigma'_a} = e_\Gamma - e_\lambda \tag{2-20}$$

$$\lg S_s = \lg \sigma'_c - \lg \sigma'_a \tag{2-21}$$

$$S_s = \sigma'_c / \sigma'_a \tag{2-22}$$

式中，S_v，S_s 分别表示 A 点距临界状态线的竖向距离和水平距离。

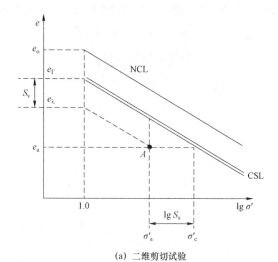

(a)　二维剪切试验

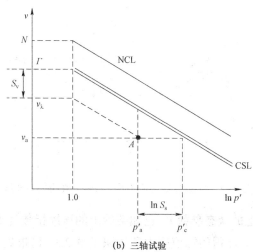

(b)　三轴试验

图 2.77　状态参数的示意图

由此可见，土的状态可以有两种表达方式。一种是前面讲过的状态参数（见式（2-20），它是用孔隙比的差值表示的），另一种是由式（2-22）给出，它是用一种应力比表示的，也可以作为归一化的表示，只不过这里采用临界状态线上的有效压力作为归一化应力。同一种状态的这两种不同表达方式之间具有以下关系：

$$S_v = C_c \lg S_s \tag{2-23}$$

由式（2-20）和式（2-22）可以知道：如果 A 点在临界状态线上，则有 $S_v = 0$，$S_s = 1$，该线是既不剪胀也不剪缩线；如果 A 点在临界状态线下方，则有 $S_v \geqslant 0$，$S_s \geqslant 1$，即处于剪胀区；如果 A 点在临界状态线上方，则有 $S_v \leqslant 0$，$S_s \leqslant 1$，即处于剪缩区。由此可见，S_v 与 ψ 具有相同的绝对值，但符号相反。

图 2.78 给出了峰值与土的状态参数的关系，由图中曲线关系可见，砂土的状态参数是描述砂土密实程度的量，借助于它可以定量地描述砂土目前的状态和剪胀（或剪缩）量变化的趋势及其数量（距离）的大小。

针对三维轴对称情况（三轴实验情况），见图 2.78（a），下面给出相应的表达式：

$$S_v = -\psi = -(v_a - v_c)_{p_a'} = \Gamma - v_\lambda \tag{2-24}$$

$$\ln S_s = \ln p_c' - \ln p_a' \tag{2-25}$$

$$S_s = p_c' / p_a' \tag{2-26}$$

$$S_v = \lambda \ln S_s \tag{2-27}$$

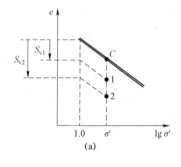

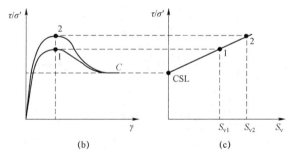

图 2.78 状态参数与应力比 τ/σ' 峰值的关系曲线

▲ 例 2-5（计算砂土的状态参数） 已知某砂土的压缩指数为 $C_c = 0.46$，$e_\Gamma = 2.17$。在不同正应力下进行剪切实验，测得的峰值应力和体积见表 2.3。请根据表 2.3 中的数据计算砂土状态参数 S_v。

表 2.3　峰值应力和体积

土样	τ_p	σ_p	e_p
A	138	300	1.03
B	63	60	1.03

解： 利用式（2-10）可计算出 e_λ，分别有

$$A: e_\lambda = 1.03 + 0.46 \times \lg 300 = 2.17$$
$$B: e_\lambda = 1.03 + 0.46 \times \lg 60 = 1.85$$

利用式（2-20）可计算状态参数，分别有

$$A: S_v = 2.17 - 2.17 = 0$$
$$B: S_v = 1.85 - 2.17 = -0.32$$

根据计算结果可以发现 A 点位于临界状态线上，B 点位于临界状态线下方。

2.5.5　砂土剪胀的影响

前面介绍过，土是一种摩擦性材料，而摩擦通常是指平面摩擦，即摩擦滑动面是一个平面，例如莫尔－库仑强度理论就仅适用于平面摩擦的情况。众所周知，砂土是具有剪胀性的，这种情况可以从前面论述的密砂剪切实验中观测到。也就是说：密实砂土的剪切破坏面或摩擦滑动面不是一个平面，而是一个滑动带，其滑动带中土体会出现剪胀现象。

通常砂土到达临界状态时，其剪胀变形也会到达稳定状态，即剪胀为零的状态。而砂土或强超固结土的偏应力峰值强度一般是由土体的剪胀和平面摩擦共同引起的，见图 2.79。而这种偏应力峰值强度和 Taylor（1948）剪胀模型中的最大剪胀量（最大比体积应变）相对应。Schofield（2005）称这种峰值强度是由土的几何变化（剪胀）所引起的，而不是由物理化学等作用所产生的黏土黏聚力引起的。这是由于峰值偏应力所对应的应变值已经很大了，而在应变很大时黏土的黏聚力（短程作用力）已经很小了，这主要是由平面摩擦（线性摩擦关系）和剪胀的几何变化所导致的，见图 2.79。

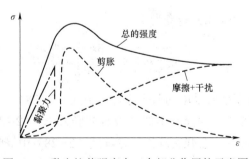

图 2.79　黏土抗剪强度中三个部分作用的示意图

Taylor（1948）建立了一个土的剪胀模型，图 2.80 给出了该模型的示意图。图 2.80（a）为锯齿错动模型，它描述了具有平行锯齿形状的剪切滑动面的剪胀机制示意图，此图中剪切滑动面不再是平面，而这种剪胀机制也可以用图 2.80（b）中的抽象模型来替代和表示。

图 2.80（b）中 σ'_y 和 τ_{yx} 是作用在土体单元上的外应力，其中 σ'_y 是竖向有效压力，τ'_{yx} 是水平剪应力；δv 是（变形引起的）单元竖向位移（表示剪胀量），δu 是（变形引起的）单元水平向位移（剪切应变为 $\delta u / H$）。假定单元外力所做的功全部由单元内部的剪切摩擦而耗散，即外力功为 $\tau'_{yx} A\delta u - \sigma'_y A\delta v$，剪切摩擦耗散的能量为 $\mu\sigma'_y A\delta u$，其中 μ 为摩擦系数，A 为单元水平截面面积。根据前述假定则有

$$\tau'_{yx} A\delta u - \sigma'_y A\delta v = \mu\sigma'_y A\delta u$$

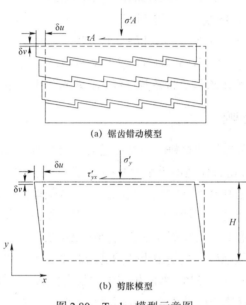

(a) 锯齿错动模型

(b) 剪胀模型

图 2.80　Taylor 模型示意图

整理后，可以得到

$$\tau_f = \tau'_{yx} = \sigma'_y\left(\mu + \frac{\delta v}{\delta u}\right) = \sigma'_y\mu + \sigma'_y\frac{\delta v}{\delta u} \tag{2-28}$$

三轴实验情况下，式（2-28）转变为

$$q_f = p'_f\left(M + \frac{\delta\varepsilon_v}{\delta\varepsilon_s}\right)_f \tag{2-29}$$

式（2-29）就是剑桥模型所采用的剪胀方程。由式（2-28）、式（2-29）可以看到，方程等号右端第二项表示剪胀项。当 $\delta v = 0$ 时（没有剪胀），式（2-28）中等号右端第二项为零，此时刚好为砂土的莫尔-库仑强度理论。方程式（2-28）中等号右端第二项表示了剪胀对强度的影响。当 δv 为最大值时，方程式（2-28）表示砂土的峰值强度（偏应力最大值，即 Hvorslev 面）。图 2.81 中 A 点应该为相变点，但是该点应力比 $\eta = q/p'$ 等于 M，也就是假定了相变点应力比 η 与临界状态时应力比 η 相等。注意该点可能不是真实的相变点，因为通常情况下相变点应力比 η 不等于 M，即注意图 2.81 与图 2.13 中真实相变点的区别。

另外，按照 Taylor 剪胀方程，砂土的峰值强度是在方程式（2−29）中等号右端的体积应变比值 $\delta\varepsilon_s / \delta\varepsilon_v$ 为最大增量时达到的，见图 2.81。Taylor 剪胀模型是非常简单的线性剪胀关系，原始剑桥模型就采用了这一简单的关系。

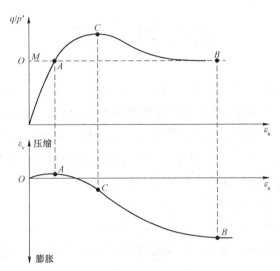

图 2.81　密砂 Taylor 模型示意图

2.6 思 考 题

1. Terzaghi 时代（1925—1963 年）的经典土力学有哪些局限性？

2. 如何定义重塑土的正常固结状态？

3. 临界状态土力学通常采用各向同性压缩作为初始固结状态或初始条件，这样做有什么好处？

4. 什么是土的临界状态？临界状态在描述土体行为中有什么作用？

5. 为什么对砂土和超固结土进行三轴实验时，有时很难达到临界状态？

6. 什么是临界孔隙比？它与临界状态有什么关系？

7. 砂土的相变指的是什么？在变形发展过程中，临界状态和相变都是体积（或孔隙比）保持不变的状态，两者有何区别？

8. 排水条件对土的变形和强度是否有影响？不同排水条件下，正常固结土和超固结土的变形特性有何特点？

9. 什么是 Roscoe 面？对同一种土而言，不同的应力路径条件下，Roscoe 面是否都唯一？

10. 什么是 Hvorslev 面？Hvorslev 面的表达式是什么？

11. 请描述一下完整的状态边界面。

12. 砂土在偏应力作用下的变形特性有何特点？

13. 描述砂土的状态变量与描述黏土的相比有什么不同？为什么？

2.7 习　　题

1. 将同一黏土制备成两个土样 A 和 B 进行室内三轴实验，两土样的直径均为 38 mm，高度均为 76 mm。两土样首先都进行固结施加围压至 300 kPa，忽略固结过程中的体积变化。随后对土样 A 进行排水实验直至到达临界状态，此时土样 A 的剪应力为 360 kPa，体积变化了 4.4 cm³。实验结束后，将土样 A 烘干，测定其质量为 145.8 g。对土样 B 进行不排水实验直至到达临界状态，此时土样 B 的剪应力为 152 kPa。

（1）试确定该黏土的参数 M，λ，Γ，N。

（2）计算土样 B 的最终孔压。土的比重 $G_s = 2.72$。

2. 对一砂土土样进行排水实验，土样达到在峰值 $p' = 300$ kPa 时发生破坏，此时土样孔隙比为 0.8，假设此时土样位于临界状态线干区一侧。已知土性参数为：$\lambda = 0.03$，$\Gamma = 2.0$，$M = 1.4$，$h = 1.35$，计算土样破坏时的偏应力 q。

3. 已知某黏土的临界状态参数为：$N = 2.15$，$\lambda = 0.10$，$\kappa = 0.02$，$\Gamma = 2.05$，$M = 0.85$。该土样经过固结并卸载后的孔隙比为 0.62。

（1）如果对该土样进行不排水实验，到达临界状态时，能使水压出现负值的最小超固结比（$R_p = m$）是多少？

（2）如果对该土样进行排水实验，试分别计算超固结比为 $R_p = 1$，$R_p = m$ 和 $R_p = 8$ 时的体积变形。

4. 已知某黏土的参数为：$N = 2.15$，$\lambda = 0.09$，$\Gamma = 2.1$。将土样固结至 500 kPa 后卸载至 200 kPa。在该过程中土样由于膨胀而发生的体积变形为 2.6%。如果土样继续卸载直至孔隙比为 0.65，此时的围压是多少？

3 剑 桥 模 型

3.1 概　　述

剑桥模型是以 Roscoe 为代表的剑桥学派基于弹塑性力学理论于 1958—1968 年期间建立的一种土的弹塑性模型。剑桥学派与 Terzaghi 学派的一个显著区别是：他们重视土力学的科学性和理论基础。剑桥模型的理论基础是 20 世纪四五十年代迅速发展的弹塑性理论（剑桥大学就是当时弹塑性理论发展的重地之一），剑桥学派的研究成果使土力学不再仅仅是一些经验公式的累积。如果剑桥学派还像 Terzaghi 学派那样，靠一些经验公式或工程经验和工程判断打天下，他们当时是很难在剑桥大学这样的科学圣地中生存的。

剑桥土（Cam-clay）是剑桥学派对剑桥模型或一组系统方程的称谓，不要将其理解为是剑桥河畔的土。不要试图找什么具体的剑桥土，**剑桥土仅仅意味着一种重塑的正常固结土（或略微超固结土），它的行为可以近似地用剑桥模型描述**。从这里可以知道，**剑桥模型仅适用于重塑的正常固结土（或略微超固结土）**。

介绍剑桥模型前，首先要回答：临界状态土力学与剑桥模型有何区别和联系？

（1）剑桥模型是临界状态土力学的一部分，它们是统一的有机体。

（2）临界状态土力学除了剑桥模型外，还包括了土的基本性质的内容，例如：体积变形与剪切变形的联系，正常固结土、超固结土的剪切变形行为，松砂和密砂的剪切变形行为，临界状态、变形状态的分区，状态边界面等。本书前两章就是介绍这方面的内容。

（3）剑桥模型是在临界状态土力学的基础上建立的，如果没有临界状态土力学中关于土的基本性质的内容，剑桥模型是难以建立的。另外，即使已经建立剑桥模型，但如果没有关于土的基本性质的知识作为基础，对剑桥模型的认识和理解也难以深入。

第 2 章中介绍了土的临界状态线和状态边界面的概念，确认了土的排水和不排水应力路径，达到临界状态时体积的计算方法也已经给出。但直到现在，还没有考虑剪切应变（或偏应变）的情况，也没有考虑变形过程中较小应变阶段的应力-应变行为。为了考虑较小应变阶段的应力-应变行为，必须区分弹性和塑性应变，并建立加载所产生的应变是属于弹性应变还是塑性应变的判别准则。本章将讨论如何把一般弹塑性理论用于描述土的应力-应变行为。

建立土的本构模型通常可采取的方法是：首先根据已有的认识而假定某种屈服面的形式，其次设定硬化方式 H，然后利用流动法则建立应变的计算公式，最后通过对比计算结果与实验结果而检验、校核甚至修正所建立的模型。许多土的本构模型都是采用这种方法建立的。

随着临界状态土力学的发展，人们已经认识到：不能将土的弹性和塑性变形截然分开，而土的破坏只是这个变形过程中的特殊点或特殊阶段。

当弹性和塑性变形之间相互没有影响时，如图 3.1（a）所示，此时所产生的塑性变形对弹性模量没有影响，这种材料可以被定义为弹性 – 塑性无耦合材料。当弹性和塑性变形之间有相互影响时，如图 3.1（b）所示，此时所产生的塑性变形对弹性模量有影响，这种材料可以被定义为弹性 – 塑性变形相互耦合材料。土经多次循环荷载作用后，弹性和塑性变形之间相互影响，因此土是一种弹性 – 塑性变形相互耦合的材料。一般情况下，为数学描述的方便和容易，**通常假定：土体是弹性 – 塑性无耦合材料**，根据这一假定有下面总应变 ε_{ij} 和总应变增量 $\delta\varepsilon_{ij}$ 的弹塑性分解表达式：

$$\varepsilon_{ij}=\varepsilon_{ij}^{\mathrm{e}}+\varepsilon_{ij}^{\mathrm{p}} \tag{3-1a}$$

$$\delta\varepsilon_{ij}=\delta\varepsilon_{ij}^{\mathrm{e}}+\delta\varepsilon_{ij}^{\mathrm{p}} \tag{3-1b}$$

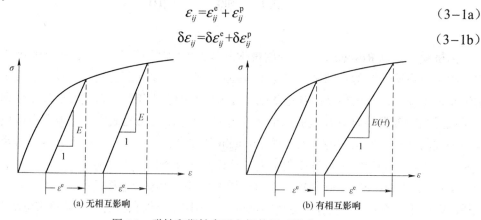

图 3.1　弹性和塑性变形之间的相互影响

3.2　土的线弹性变形

土体受力后会产生变形，而施加的力卸除以后，土体可以恢复为原来的形状，这种变形称为弹性变形。当土体所受荷载与变形呈线性关系时，这种变形被称为线弹性变形。线弹性变形的基本特征为：

（1）土体的变形是可逆的，即经历加载、卸载、再加载之后，其应力 – 应变关系相同；

（2）应力和应变单调、唯一对应，其当前变形状态仅与当前的应力状态有关（不考虑时间、温度及环境的影响），并与应力路径无关，与应力历史也无关；

（3）满足线性叠加原理，当应力增量相同时，相应的应变增量也相同；

（4）正应力（各向同性压力）与剪应变（偏应变）无关，剪应力（偏应力）也与正应变（体积应变）无关，即它们之间无耦合作用。

3.2.1　各向同性线弹性变形

各向同性线弹性材料通常有两个弹性参数，并满足广义胡克定律。胡克定律通常可以采用两种方式表达：① $E-\nu$ 形式，即其弹性参数采用弹性模量 E 和泊松比 ν，它们可通过三轴（或单轴）单向无侧限压缩或拉伸实验而获得，此种方法在一般材料力学中采用较多；② $K-G$ 形式，通过等向固结实验和等 p 的剪切实验可以分别直接地、各自独立地、较为准确地测量得到相应的压缩模量 K 和剪切模量 G，此种方法在土力学中采用较多。

1. $E-\nu$ 形式的广义胡克定律

（1）三维主应力表示的广义胡克定律。

$$\begin{bmatrix} \sigma_1' \\ \sigma_2' \\ \sigma_3' \end{bmatrix} = \frac{E}{(1+\nu)(1-2\nu)} \begin{bmatrix} (1-\nu) & \nu & \nu \\ \nu & (1-\nu) & \nu \\ \nu & \nu & (1-\nu) \end{bmatrix} \begin{bmatrix} \varepsilon_1 \\ \varepsilon_2 \\ \varepsilon_3 \end{bmatrix} \qquad (3-2)$$

（2）平面应变情况的广义胡克定律。

平面应变有如下假定：$\varepsilon_z = \gamma_{yz} = \gamma_{zx} = 0$，并有以下应力条件：

$$\begin{bmatrix} \sigma_z' \\ \tau_{yz} \\ \tau_{zx} \end{bmatrix} = \begin{bmatrix} \nu(\sigma_x' + \sigma_y') \\ 0 \\ 0 \end{bmatrix} \qquad (3-3)$$

用应变表示广义胡克定律为

$$\begin{bmatrix} \sigma_x' \\ \sigma_y' \\ \tau_{xy} \end{bmatrix} = \frac{E}{(1+\nu)(1-2\nu)} \begin{bmatrix} (1-\nu) & \nu & 0 \\ \nu & (1-\nu) & 0 \\ 0 & 0 & \frac{(1-2\nu)}{2} \end{bmatrix} \begin{bmatrix} \varepsilon_x \\ \varepsilon_y \\ \gamma_{xy} \end{bmatrix} \qquad (3-4)$$

或反之，用应力表示广义胡克定律为

$$\begin{bmatrix} \varepsilon_x \\ \varepsilon_y \\ \gamma_{xy} \end{bmatrix} = \frac{(1+\nu)}{E} \begin{bmatrix} (1-\nu) & -\nu & 0 \\ -\nu & (1-\nu) & 0 \\ 0 & 0 & 2 \end{bmatrix} \begin{bmatrix} \sigma_x' \\ \sigma_y' \\ \tau_{xy} \end{bmatrix} \qquad (3-5)$$

2. $K-G$ 形式的广义胡克定律

根据弹性理论可以推导得到采用上述两种方式表达的弹性参数之间的关系为

$$K = \frac{E}{3(1-2\nu)}$$

$$G = \frac{E}{2(1+\nu)} \qquad (3-6)$$

用 $q:p'$ 和 $\varepsilon_v : \varepsilon_s$ 可以得到它们之间的关系为

$$\left. \begin{aligned} \delta\varepsilon_v &= \frac{1}{K}\delta p' + 0 \cdot \frac{1}{3G}\delta q \\ \delta\varepsilon_s &= 0 \cdot \frac{1}{K}\delta p' + \frac{1}{3G}\delta q \end{aligned} \right\} \qquad (3-7)$$

式（3-7）表明：ε_v 与 p' 相关，而与 q 无关；ε_s 与 q 相关，而与 p' 无关，即弹性变形中不对偶的应力-应变之间没有相互影响。

3.2.2 土的弹性墙

土弹塑性力学的一个重要问题就是如何区分土的弹性和塑性变形。实际上，土的弹性和塑性变形是难以准确区分的，这是由于对于土体很难严格区分何时加载、何时卸载（一般认为卸载是弹性变形）及弹性和塑性变形的分界，很多实验在卸载–再加载过程中（例如一维的回弹曲线上）也会产生塑性变形。另外，受应力路径的影响，在某一应力作用下土体的应变可能并不唯一，导致加载或卸载难以唯一地确定。所以，弹性和塑性变形的区分或屈服准则基本都是根据经验和假定而建立的。

1.7.1 节给出了各向同性压力作用下土的体积变化的描述，并且它是临界状态土力学的基础和出发点（初始条件），而各向同性压缩曲线和膨胀线（回弹线）则是土的弹塑性（可恢复和不可恢复）变形的一个非常好的划分和描述。图 3.2 给出了各向同性压缩和膨胀时黏土的弹塑性变形曲线，其中 *ABC* 线是正常固结线。如果土样沿着正常固结线压缩至 *B* 点，然后卸载，土样将沿着 *BD* 膨胀线而回弹。如果土样沿着正常固结线压缩至 *C* 点，然后卸载，土样将沿着 *CE* 膨胀线而回弹。通常假定：路径沿着膨胀线移动的变形是可恢复的弹性变形。如果土样沿着正常固结线移动，则会产生不可恢复的塑性变形。应注意到，在同一平均法向有效应力作用下，土样在 *E* 点处的比体积要比 *D* 点的小，即在沿着路径 *D*→*B*→*C*→*E* 移动的过程中，土体发生了不可恢复（塑性）的变形。因在膨胀线 *DB*、*EC* 上土体的应变是可恢复的变形，所以塑性应变肯定是在路径 *BC* 上发生，并且路径 *B*→*C* 是一个状态边界面。

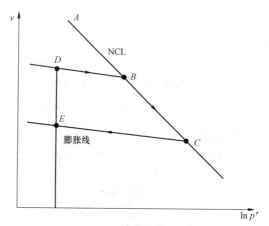

图 3.2　各向同性压缩和膨胀时黏土的弹塑性变形曲线

可以把上述观测结果推广到一般情况，即可假定：塑性（不可恢复）应变只发生在土样沿着状态边界面移动的过程中，而当路径在状态边界面以内移动时，土样只发生弹性的可恢复的变形。这种假定会对土样产生很强的限制。例如，对于前面所述 *D* 点到 *E* 点的路径（见图 3.2），因塑性应变在 *D* 点和 *E* 点之间将要发生，按照这一假定就意味着，在这两点之间，土样的实验路径必定与状态边界面接触并沿着状态边界面移动。而路径 *D*→*B*→*C*→*E* 满足这一条件，即 *BC* 段（正常固结线）位于 Roscoe 面上。另一种情况是，在常 *p*′ 条件下从 *D* 点到 *E* 点进行剪切加载实验，如图 3.3 所示。由于有塑性应变发生，因此实验路径在横跨过不同的膨胀线前，路径从 D 点出发，随着 q 的增大，首先触及位于 D 点之上并位于状态边界面上的 G 点，然后沿着状态边界面移动，到达 K 点（E 点之上）。若减小 q，土样此时只发生弹性变形（因为是状态边界面内的路径），路径移回到 E 点。因此，当进行剪切实验并保持 p' 不变时，要想产生塑性变形，须在 D 点的土样上施加 G 点处的 q 值。

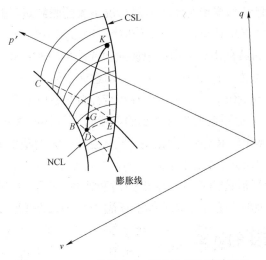

图 3.3　Roscoe 空间中 D 点到 E 点的移动路径

当然，土样还可以通过其他路径从 D 点到达 E 点，但所有这些路径都要求到达状态边界面并沿着边界面移动才会产生塑性变形。反之，从 D 点开始，也应存在一个路径范围，在此范围内的路径只有弹性变形而没有塑性变形。根据第 2 章的介绍可以知道，这个范围就是完整状态边界面以内的区域。该区域内由回弹曲线垂直向上所形成的曲面称之为弹性墙（elastic wall），见图 3.4 中点 H、D、B、G、J、I 形成的竖直线曲面。由前面的论述可知弹性墙曲面内只会产生弹性变形。因每一条膨胀线上都可以立一个弹性墙，所以弹性墙的数量是无限的。

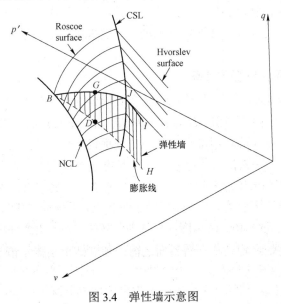

图 3.4　弹性墙示意图

因此，当应力路径处于状态边界面以下时，认为土样为弹性，其应力-应变关系可由弹性理论得到；如果土样所处的状态位于状态边界面上，则弹性和塑性变形都会发生，塑性应变是由塑性理论计算得到的。弹性与塑性变形的一个重要区别在于，弹性变形相对较小并且是可以恢复的变形；而塑性变形相对较大，并且是不可恢复的变形。因此，如果加载过程中土层仅发生弹性变形，则认为变形很小，一般情况下人的眼睛是辨认不出来的。而当变形和沉降很大时（人的眼睛能够辨认出来），则认为土层中必然会有塑性变形发生。

应该注意：Roscoe 面具有弹塑性理论中屈服面或加载面的性质，但又与通常意义上的屈服面或加载面不完全相同。如果说 Roscoe 面是通常意义上的加载面，则按前面的加卸载条件，应力沿着等体积的 Roscoe 面运动应该属于中性变载，因此不应该产生新的塑性剪应变和塑性体积应变。所以说 Roscoe 面不是通常意义上的加载面，它只是体积屈服曲面或体积加载面。也就是说，应力沿着等体积的 Roscoe 面运动，虽然会产生新的塑性剪应变，但是却不产生新的塑性体应变。

在对土体的变形进行理论计算时，由于弹性和塑性变形的计算过程和方程是完全不同的，因此区分这两种类型的变形是很重要的。下面先介绍土的弹性变形的情况。

3.2.3　土的弹性应变的计算

在介绍土的弹性应变的计算前，根据前面弹性变形的讨论，给出以下假定。

（1）土样只有沿着状态边界面移动时才会产生塑性变形。

（2）在状态边界面以下的路径移动时，只能产生弹性变形或可恢复的变形。

按照上述假定，剪切实验的加载路径在弹性墙内的土必然是超固结土，它的变形（不论是排水路径或是不排水路径）被认为是弹性的。土的路径一旦到达上面的状态边界面，并沿着状态边界面向临界状态线移动，必然产生塑性变形。上述假定是存在局限性的，因为实际上加载路径在到达状态边界面（例如 Hvorslev 面）以前，就已经存在一定的塑性变形了，但为了简化还是采用了这种假定。

前面已经给出了各向同性土体弹性变形的计算公式（3-7）。下面针对排水和不排水情况给出相应的计算公式。

1. 不排水时土的弹性应变的计算

饱和土在不排水剪切实验中，其体积在整个变形过程都保持不变，即 $\delta\varepsilon_v = 0$。它的路径必然在 QRST 等体积平面内，如图 3.5 所示。QRST 等体积平面与弹性墙相交于 DG 线，土样的应力路径 $D \rightarrow G$ 沿着弹性墙和不排水平面的交线垂直上升。当到达状态边界面 G 点时，开始发生塑性变形，路径 $G \rightarrow F$ 沿着不排水平面和状态边界面的交线跨过不同的弹性墙（产生塑性变形），最后到达不排水平面和临界状态线的交点 F 点。其中 DG 段路径是弹性变形阶段。

下面讨论 DG 段弹性应变的计算公式。对于饱和土，不排水加载时体积不变，由式（3-7）有 $\delta\varepsilon_v = \delta p' / K = 0$，则 $\delta p' = 0$。这与图 3.5 中应力路径（DG 随弹性墙和不排水平面的交线垂直上升）相符合。这就是到达状态边界面之前，超固结土不排水情况下有效应力的路径为垂直线的原因，如图 3.5 所示。

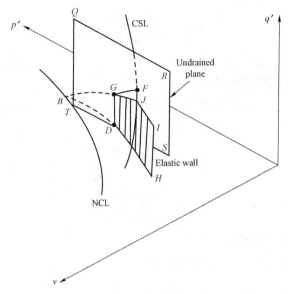

图 3.5　弹性墙和不排水平面的交线（DG 线）

目前，已掌握足够的信息用于计算各向同性弹性土体在三轴压缩实验加卸载过程中沿路径 $D{\rightarrow}G$ 产生的弹性变形，其弹性墙位于膨胀线 BDH 之上并与之垂直。1.7.1 节中给出了膨胀线 BDH 之上弹性墙的体积变化计算公式：

$$v = v_{\kappa} - \kappa \ln p'$$

两边取微分，表示为增量形式，可以得到

$$\delta v = -\kappa \left(\delta p' / p' \right) \qquad (3-8)$$

引起体积应变增量 $\delta\varepsilon_{v}^{e}$ 的变化是比体积应变增量 δv，$\delta\varepsilon_{v}^{e}$ 是 δv 的函数，根据 1.3 节的讨论有：$\delta\varepsilon_{v} = -\delta v / v$，把式（3-8）代入此式，则因 p' 的增加所引起的体积变化的关系如下：

$$\delta\varepsilon_{v}^{e} = \frac{-\delta v}{v} = \left(\frac{\kappa}{vp'} \right) \delta p' \qquad (3-9)$$

式（3-9）中体积应变的上标 e 表示弹性。

因此，对比式（3-9）和式（3-7），压缩模量 K 为

$$K = \frac{vp'}{\kappa} \qquad (3-10)$$

由式（3-6）的关系可以得到

$$\frac{G}{K} = \frac{E}{2(1+v)} \frac{3(1-2v)}{E} = \frac{3(1-2v)}{2(1+v)} \qquad (3-11)$$

因此将式（3-10）代入式（3-11）得到剪切模量 G 为

$$G = K \frac{3(1-2v)}{2(1+v)} = \frac{vp'}{\kappa} \frac{3(1-2v)}{2(1+v)} \qquad (3-12)$$

最后将式（3-12）代入式（3-7），可以得到

$$\delta \varepsilon_s^e = \frac{2\kappa(1+v)}{9vp'(1-2v)}\delta q \tag{3-13}$$

不排水时满足条件：$\delta \varepsilon_v^e = 0$，$\delta p' = 0$。

2. 排水时土的弹性应变的计算

实际上，前面已经推导出了排水时弹性应变的计算公式，即可以用式（3-9）计算弹性体积应变，用式（3-13）计算弹性偏应变。

$$\delta \varepsilon_v^e = -\delta v / v = \frac{\kappa}{vp'}\delta p'$$

$$\delta \varepsilon_s^e = \frac{2\kappa(1+v)}{9vp'(1-2v)}\delta q \tag{3-14}$$

3. 土的弹性变形参数的讨论

由式（3-10）和式（3-6）可以推导得到

$$K = vp'/\kappa = \frac{E}{3(1-2v)}$$

因此

$$E = \frac{3vp'(1-2v)}{\kappa}$$

由此可知，弹性模量 E 与当前比体积 v、当前有效球应力 p'、膨胀线的斜率 κ 和泊松比 v 有关。尽管可以假定泊松比 v 为常数，E 值还是随着比体积 v 而变化。因此即使土为各向同性的弹性体，其弹性性质仍然是非线性的，即土是非线性弹性体。通常式（3-13）和式（3-9）只有在荷载增量足够小的时候才成立，此时比体积 v 的变化相对较小，E 可以假定为常数。在多数情况下，当加载过程只产生弹性应变时，比体积 v 的变化相对较小，此时 E/p' 才近似保持为常数。

▲ **例 3-1**（弹性应变的计算） 已知土的特性参数：$\kappa = 0.05$，$v' = 0.25$。试样 A 和 B 在三轴实验仪中进行等向固结至 1 000 kPa，然后使之膨胀至 $p = 60$ kPa 且 $u = 0$，此时实验的比体积为 $v = 2.08$。然后分别对试样进行加载实验使总的轴向应力和径向应力变化为 $\sigma_a = 65$ kPa 和 $\sigma_r = 55$ kPa。对试样 A 进行排水实验（$u = 0$），对试样 B 进行不排水实验（$\varepsilon_v = 0$），两者都不发生屈服。求各试样的剪切和体积应变及孔隙水压力的变化。

解：因试样不发生屈服，所以只产生弹性变形，式（3-9）和式（3-13）为控制方程：

$$\delta \varepsilon_v = \left(\frac{\kappa}{vp'}\right)\delta p'$$

$$\delta \varepsilon_s = \frac{2\kappa(1+v')}{9vp'(1-2v')}\delta q'$$

将 $\kappa = 0.05$ 和 $v' = 0.25$ 代入，并且根据 $p' = p = 60$ kPa 及 $v = 2.08$，得到

$$\delta \varepsilon_v = 4.0 \times 10^{-4} \delta p'$$

$$\delta \varepsilon_s = 2.2 \times 10^{-4} \delta q'$$

（1）试样 A。

加载前：$q=0$，$p=60\text{ kPa}$。

加载后：$q=65-55=10\text{ (kPa)}$，$p=\dfrac{1}{3}\times(65+110)=58.33\text{ (kPa)}$

因此：

$$\delta q=10\text{ kPa}，\quad \delta p=58.33-60=-1.67\text{ (kPa)}$$

因排水实验满足 $u=0$，所以 $\delta p'=\delta p$，$\delta q'=\delta q$，则

$$\delta\varepsilon_v=4.0\times10^{-4}\delta p'$$
$$=-4.0\times10^{-4}\times1.67=-0.067\%$$
$$\delta\varepsilon_s=2.2\times10^{-4}\delta q'$$
$$=2.2\times10^{-4}\times10=0.220\%$$

（2）试样 B。

同理得到加载前后应力变化为

$$\delta q=10\text{ kPa}，\quad \delta p=58.33-60=-1.67\text{ (kPa)}$$

但不排水实验满足 $\varepsilon_v=0$，所以 $\delta p'=0$，$\delta u=\delta p$。但由于 $\delta q'=\delta q$，因此剪应变与试样 A 得到的结果相同，则

$$\delta u=-1.67\text{ kPa}$$
$$\delta\varepsilon_s=0.220\%$$

3.3 土的塑性变形

由弹塑性理论可知，在建立材料本构模型过程中，通常需要考虑以下三个问题。

（1）如何确定屈服函数和塑性势函数？

（2）如何确定流动法则？

（3）如何建立硬化规律或硬化模型？

下面将分别讨论这三个问题。

3.3.1 屈服面、加载面、破坏面和屈服函数

屈服函数是比较简单的概念。屈服函数是屈服面的数学表达式，而屈服面是弹性状态区和塑性状态区的分界面。屈服面或屈服函数通常是应力的函数，即

$$f=f(\sigma'_{ij},H(\varepsilon^p_{ij}))=f(q,p',H(\varepsilon^p_{ij}))=0 \tag{3-15}$$

式中，$H(\varepsilon^p_{ij})$ 是硬化参量，它是塑性应变 ε^p_{ij} 的函数。

当应力等于屈服应力（应力位于屈服面上）时，塑性变形开始产生。屈服面是某一硬化**参量的等值面**，例如剑桥模型就采用了塑性体积应变作为硬化参量，而不排水等值 v 的 Roscoe

面和 Hvorslev 面就可以被认为是这种屈服面。剑桥模型后面用一个统一的屈服面表示这两个边界面，这两个边界面可以参见图 2.51 和图 2.52。通常屈服面可以通过实验而得到，它比较具体、容易被人理解。

土体在加载过程中，随着加载应力和加载路径的变化，其屈服面的形状、大小、屈服面中心的位置和屈服面的主方向都会发生变化。这种变化的屈服面称之为加载面。加载面最小（内侧）的曲面是初始屈服面，加载面最外侧的曲面是破坏面，如图 3.6 所示，其中曲线 Y_a–Y_c 是初始屈服面，曲线 G_a–G_c 是加载面，曲线 F_a–F_c 是破坏面。注意：实际上，初始屈服面、加载面和破坏面可能是不同形式的曲面，不必一致。

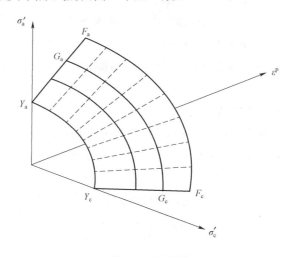

图 3.6　加载面

3.3.2　塑性势函数

塑性势函数比较抽象，较难以理解。Mises 于 1928 年提出了塑性势的概念，这一概念是借鉴了水的流动与水的势能的关系而建立的。水的流动是由水的势函数及其梯度决定的。塑性变形或塑性流动与水的流动一样，也可以看成是由某种势的不平衡所引起，而这种势称之为塑性势或塑性势函数。也就是说，塑性流动是由塑性势函数的梯度确定的。塑性势函数通常可以表示为应力的函数，即

$$g = g(\sigma'_{ij}) = 0 \tag{3-16}$$

注意：表示塑性势函数的式（3-16）与表示屈服函数的式（3-15）的区别在于，塑性势函数中没有硬化参量。

在三维轴对称空间中塑性势函数为

$$g = g(q, p') = 0 \tag{3-17}$$

根据塑性力学中 Mises 塑性势面理论，**在应力空间中，任意应力点的塑性应变的增量的方向必与通过该点的塑性势面相垂直。**这就是塑性流动法则，也称之为塑性正交流动法则。它的数学表达式为

$$\delta \varepsilon_{ij}^{p} = \delta \lambda \frac{\partial g(\sigma'_{ij})}{\partial \sigma'_{ij}} \qquad (3-18)$$

式中，$\delta\lambda$ 为塑性乘子，它是正的标量。在三维轴对称空间中塑性流动法则为

$$\delta \varepsilon_{v}^{p} = \delta \lambda \frac{\partial g(q, p')}{\partial p'} \qquad (3-19a)$$

$$\delta \varepsilon_{s}^{p} = \delta \lambda \frac{\partial g(q, p')}{\partial q} \qquad (3-19b)$$

式（3-18）和式（3-19）只确定了塑性应变增量的方向，其大小是由 $\delta\lambda$（塑性乘子）决定的。式（3-18）和式（3-19）表明：应力空间中一点的塑性应变增量与通过该点的塑性势面存在正交关系，如图3.7所示，图中 n_{mg}，n_q，n_p 分别为塑性应变增量方向、竖向分量、水平分量。这两个公式既确定了塑性应变的增量方向，也确定了它的各分量之间的比值与大小。由式（3-18）可知，只要确定了具体的塑性势函数，并知道 $\delta\lambda$ 的确定方法，就可以按式（3-18）计算得到塑性应变。

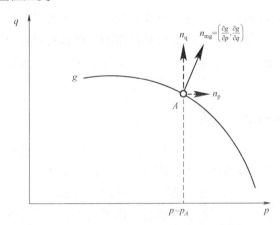

图3.7　应力空间 $p:q$ 中正交流动方向图示

3.3.3　相关联流动法则和非关联流动法则

目前只知道塑性势面与塑性应变增量的方向具有正交性，而势函数仅是一种抽象的数学概念，并且对于如何构建塑性势函数也没有很好的具体方法。另外，塑性势函数与实验没有直接的联系，即它不可能由实验直接确定或建立。塑性势函数有时是被假设的，有时是通过实验的塑性应变增量与某一经验势函数进行比较而确定的（半经验方法）。但由弹塑性理论已经知道，屈服函数是可以通过实验确定的，或根据实验和经验共同确定。研究表明，有些材料的屈服面与塑性势面相互重合，即塑性应变增量也与通过该点的屈服面正交。也就是说，把式（3-18）中的塑性势函数 g 换成屈服函数 f，就可以利用该式计算塑性应变增量。鉴于这种情况，塑性力学理论定义：**当屈服面与塑性势面相互重合时，称此种材料满足相关联流动法则。此时，塑性应变增量与通过该点的屈服面正交，参见图3.8；反之，当屈服面与塑性势面不重合时，称此种材料满足非关联流动法则。此时，因为塑性势函数不能确定，所以**

就难以用式（3-18）预测此种材料的塑性变形。

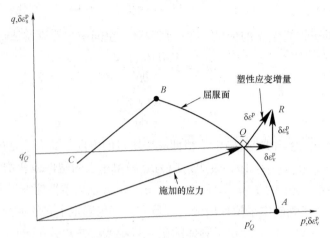

图 3.8　q, p 应力空间屈服面与塑性应变增量方向图示

Collins 和 Houlsby（1997）基于热力学原理的研究结果表明，当岩土材料变形的内部塑性机制主要是摩擦时，非关联塑性流动是自然产生的，在真实应力空间中表现出塑性应变增量方向与屈服面具有非正交的特点。也就是说，土是满足非关联塑性流动法则的，但就饱和黏土而言，可以近似地假定其满足相关联流动法则。

3.3.4　硬化规律或硬化模型

土体在加载过程中，随着加载应力和加载路径的变化，其加载面（屈服面）的形状、大小、加载面中心的位置和加载面的主方向都会发生变化。加载面在应力空间的位置、形状、大小的变化规律称之为硬化规律或硬化模型。而把确定的加载面按照一些具体的参量所产生硬化的规律称为硬化定律。对于复杂应力状态，由于实验资料不足以完整、准确地确定加载面的变化规律，因此需要对加载面的移动和变化规律做一些假定，所以也把硬化规律称之为硬化模型。

硬化规律或硬化模型通常用硬化参量 H 表示，它决定了一个确定应力增量会产生塑性应变大小的准则，也就是说，式（3-18）中的 $\delta\lambda$ 是由硬化规律决定的。当确定材料的应力状态横跨不同屈服面并且发生硬化时，硬化规律与塑性应变和应力增量的关系及材料的应变硬化相关。

硬化参量 H 一般采用塑性应变作为自变量，即 $H = H(\varepsilon_{ij}^{p}) = H(\varepsilon_{s}^{p}, \varepsilon_{v}^{p})$。硬化参量的自变量也可以是某种塑性应变组合的形式。硬化参量是具有一定物理意义的。由于硬化参量是塑性应变的函数，而塑性应变实质上反映了土中颗粒间相对位置的变化和颗粒破碎的情况，也就是反映了土的初始状态和组构发生的变化情况，这种状态和组构的变化使土不再与初始状态相同，土在受力后其变形性质也会发生变化。这种变化通常是与路径相关的，但为了简化，更多采用了与路径无关的假定。

现有的岩土静力弹塑性本构模型多数采用等值面硬化模型，即**把屈服面作为某一硬化参**

量的等值面。为了简化，假定加载面在主应力空间中不发生转动，并且还假定加载面仅会发生大小的变化而不会发生形状的改变。如果加载面扩大，则称之为硬化。如果加载面缩小，则称之为软化。如果加载面的形状和大小保持不变，而仅在应力空间中平行移动，则称之为随动硬化或运动硬化。如果加载面既产生形状和大小的变化，也在应力空间中产生平行移动，则称之为混合硬化，一般动力荷载作用或循环荷载作用时采用混合硬化。一般加载面在应力空间中发生转动时，会产生塑性变形。

一般情况下，屈服面、加载面、破坏面未必是相同的。但为了简化和数学处理方便，通常假定屈服面、加载面、破坏面具有相同的形状或表达式（不同之处仅在于硬化参量不同）。

3.3.5 剑桥模型所采用的屈服面、塑性势面、流动法则、硬化模型和假定

3.2.3 节中给出了下述假定：土样只有沿着状态边界面移动时才会产生塑性变形，沿着状态边界面以下的路径移动时，只能产生弹性变形或可恢复的变形。由这种假定可以断定，状态边界面就是一种屈服面，因为它是区分弹性和塑性变形的分界面。剑桥模型采用了最简单的相关联流动法则，由此可以用屈服函数 f 替代塑性势函数 g，并采用式（3-19）计算塑性变形。硬化模型采用了塑性体积应变作为硬化参量。所以，前面讨论的建立材料本构模型需要考虑的三个问题都已经得到了答案，但还未将这三个方面的问题结合起来，形成一个统一、完整的理论体系。接下来就围绕建立一套系统的理论体系展开论述。

在讨论具体建立模型之前，首先给出建立剑桥模型将要用到的一些假定及隐含的一些假定，其中隐含的假定有以下几个。

（1）土是饱和重塑土。不能用于具有结构性的土。

（2）土是连续、各向同性的弹塑性体。不能用于各向异性土。

（3）仅适用于正常固结土或弱超固结土。这是因为硬化参量为塑性体积变形，它只给出了硬化模型，而没有给出软化模型，所以只能用于具有变形硬化的正常固结土和弱超固结土，而不适用于具有软化的强超固结土，并只能用于描述剪缩，不能用于描述剪胀。

（4）屈服面就是土的边界面，实际土的屈服面与土的边界面并不完全一致，例如峰值边界面（Hvorslev 面）就与初始屈服面相差很大。

推导过程中用到的假定有以下几个。

（1）采用相关联流动法则。

（2）主应力与主应变共轴，即不考虑应变主轴的旋转。

（3）剪胀方程是基于塑性功方程推导得到的，因此剪胀方程的假定与建立塑性功方程的假定相同，也与屈服面方程的假定相同。也就是假定：剪胀方程中塑性增量之间的关系与由屈服面方程得到的塑性流动增量的关系相同。

（4）采用塑性体应变增量作为硬化变量。

（5）路径只有沿着状态边界面移动时才会产生塑性变形。

（6）路径在状态边界面以下移动时，只能产生弹性变形或可恢复的变形。

3.4 原始剑桥模型

到目前为止，人们还不清楚 Roscoe 边界面（或屈服面）的具体曲线形式和函数表达式，最多只是根据弹塑性理论中德鲁克塑性公式知道它是一个外凸的曲线。下面将根据摩擦耗散机制建立塑性功方程，然后基于塑性功方程推导屈服面方程。

3.4.1 屈服面方程的建立

剑桥模型的屈服面方程是基于塑性功方程而建立的。本书中的塑性功方程通常有两个功能：① 推导建立剪胀方程；② 推导建立屈服面方程。在三维轴对称坐标下，塑性功方程可以表示为

$$\delta W^{\mathrm{p}} = p' \cdot \delta \varepsilon_{\mathrm{v}}^{\mathrm{p}} + q \cdot \delta \varepsilon_{\mathrm{s}}^{\mathrm{p}} \tag{3-20}$$

当处于临界状态时，塑性功方程的物理机制假定为式（3-20）内力产生的塑性功全部耗散在摩擦剪切变形中。所以有

$$\delta W^{\mathrm{p}} = p' \cdot \delta \varepsilon_{\mathrm{v}}^{\mathrm{p}} + q \cdot \delta \varepsilon_{\mathrm{s}}^{\mathrm{p}} = M p' \cdot \delta \varepsilon_{\mathrm{s}}^{\mathrm{p}}$$

式中，M 为临界状态时剪切流动对应的摩擦系数，等式右端为剪切摩擦耗能项，整理后得到：

$$\frac{\delta \varepsilon_{\mathrm{v}}^{\mathrm{p}}}{\delta \varepsilon_{\mathrm{s}}^{\mathrm{p}}} = M - \frac{q}{p'} \tag{3-21}$$

式（3-21）称之为剪胀方程，它与式（2-29）相同。它反映了土处于临界状态时塑性应变增量分量的比与应力分量比的关系。剑桥模型中的剪胀方程有两个重要作用：① 基于剪胀方程建立屈服面方程；② 塑性偏应变增量可以通过剪胀方程而推导得到。所以后面在推导塑性偏应变增量时还要用到此式。但式（3-21）是根据土处于临界状态而推导得到的（主要反映在式（3-21）中的 M 中），而下面讨论的屈服面是指一般硬化过程的加载面（包括初始屈服面），加载面只有达到最后阶段才是临界状态，所以把式（3-21）作为加载面的剪胀方程是一种近似的表示。

把三维轴对称坐标下屈服函数式（3-15）求全微分，并考虑同一塑性势面中硬化参数不变，即 $\delta H = 0$，可以得到

$$\frac{\partial f}{\partial q} \delta q + \frac{\partial f}{\partial p'} \delta p' + \frac{\partial f}{\partial H} \delta H = \frac{\partial f}{\partial q} \delta q + \frac{\partial f}{\partial p'} \delta p' = 0 \tag{3-22}$$

把式（3-19）中的塑性势函数 g 换为屈服函数 f（这是因为采用相关联流动法则）会有 $g = f$，然后再代入式（3-22）中，可以得到

$$\delta q \cdot \delta \varepsilon_{\mathrm{s}}^{\mathrm{p}} + \delta p' \cdot \delta \varepsilon_{\mathrm{v}}^{\mathrm{p}} = 0 \Rightarrow -\frac{\delta \varepsilon_{\mathrm{v}}^{\mathrm{p}}}{\delta \varepsilon_{\mathrm{s}}^{\mathrm{p}}} = \frac{\delta q}{\delta p'} \tag{3-23}$$

把式（3-23）代入式（3-21），整理后可以得到

$$\frac{\delta q}{\delta p'} + M - \frac{q}{p'} = 0 \qquad (3-24)$$

式（3-24）是常微分方程，求解该方程后，可以得到屈服函数 f 的解为

$$f = g = M \ln p' + \frac{q}{p'} - C = 0 \qquad (3-25)$$

式中，C 为积分常数。图 3.9 为式（3-25）的图示。当 $q = 0$ 并发生屈服时，$p' = p'_x$，参见图 3.9。将这两个条件式子代入式（3-25）中，可以得到 $C = M \ln p'_x$。最后式（3-25）变为

$$f = g = M \ln p' + \frac{q}{p'} - M \ln p'_x = 0 \qquad (3-26)$$

这就是原始剑桥模型的屈服面方程，p'_x 是此屈服面对应的屈服应力。注意 p'_x 点处屈服面的正交方向与水平坐标轴方向不一致，这会导致各向同性加载（初始固结）所产生的塑性剪应变增量方向（与水平坐标轴方向一致）与屈服面正交方向（塑性流动方向）不一致。这是该屈服面不足的地方，修正剑桥模型改正了这一不足之处。另外，p'_x 点是联结二维应力空间的屈服面（见图 3.9）和各向同性压缩体积应变 ε_v^p 的关键有效压力点，即通过 p'_x 点把压剪屈服面和各向同性压缩联系起来，而这通常是两个不同的问题。

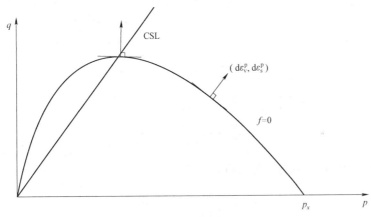

图 3.9 应力空间 $q:p$ 中屈服面方程图示

3.4.2 硬化参量的推导

在 3.1 节中已经讲过，临界状态土力学把各向同性压缩问题和剪切变形问题这两个不同的问题联系起来，作为一个统一的问题进行描述、分析和处理。在 1.5 节中也做过如下讨论：某一特定的土样，在同样的平均有效应力（球应力）作用下，孔隙比变化后所形成的值越小（塑性体积的压缩变化越大），则土样就越密实，颗粒之间的接触点就越多，接触面积也就越大，其抵抗剪切作用的刚度和强度也就越大。这种情况说明了把土体积的塑性变形作为屈服面发展的硬化参数的物理机制。在剑桥模型中，土体积的塑性变形是借助于土的各向同性压缩和膨胀方程进行描述的，其具体描述参见图 3.10。其中，e_0 是初始孔隙比，κ 是根据膨胀线斜率确定的回弹指数，λ 是压缩指数，即正常固结线（NCL）的斜率。当荷载从 p'_0 增加到 p'_x

时，孔隙比的变化量为

$$\Delta e = -\lambda \ln \frac{p'_x}{p'_0} \tag{3-27}$$

$$\Delta e^{\mathrm{e}} = -\kappa \ln \frac{p'_x}{p'_0} \tag{3-28}$$

式中，Δe^{e} 为弹性或可恢复孔隙比的变化量。

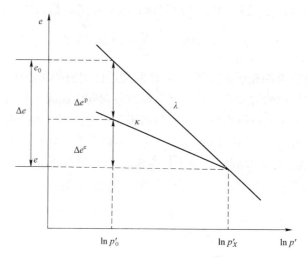

图 3.10　各向同性压缩条件下 e–$\ln p$ 关系

由式（1–11）和式（3–27）可以得到

$$\varepsilon_{\mathrm{v}} = -\frac{\Delta V}{V} = -\frac{\Delta e}{1+e_0} = \frac{\lambda}{1+e_0} \ln \frac{p'_x}{p'_0} \tag{3-29}$$

由式（1–11）和式（3–28）可以得到

$$\varepsilon_{\mathrm{v}}^{\mathrm{e}} = -\frac{\Delta e^{\mathrm{e}}}{1+e_0} = \frac{\kappa}{1+e_0} \ln \frac{p'_x}{p'_0} \tag{3-30}$$

由图 3.10 中孔隙比之间的图示关系及式（3–29）和式（3–30）可以得到

$$\varepsilon_{\mathrm{v}}^{\mathrm{p}} = \varepsilon_{\mathrm{v}} - \varepsilon_{\mathrm{v}}^{\mathrm{e}} = \frac{\lambda-\kappa}{1+e_0} \ln \frac{p'_x}{p'_0} \tag{3-31}$$

式中，$\varepsilon_{\mathrm{v}}^{\mathrm{e}}$、$\varepsilon_{\mathrm{v}}^{\mathrm{p}}$ 分别为弹性和塑性体积应变。

由式（3–31）解出 p'_x，可以得到

$$\ln p'_x = \frac{1+e_0}{\lambda-\kappa} \varepsilon_{\mathrm{v}}^{\mathrm{p}} + \ln p'_0 \tag{3-32}$$

把式（3–32）代入式（3–26），可以得到

$$M \ln p' + \frac{q}{p'} - M\left(\frac{1+e_0}{\lambda-\kappa} \varepsilon_{\mathrm{v}}^{\mathrm{p}} + \ln p'_0\right) = 0 \tag{3-33}$$

整理后可以得到剑桥模型的屈服函数：

$$f = \frac{\lambda - \kappa}{1 + e_0} \ln \frac{p'}{p'_0} + \frac{\lambda - \kappa}{1 + e_0} \frac{1}{M} \frac{q}{p'} - \varepsilon_v^p = 0 \qquad (3-34)$$

式中，p'_0, e_0 为初始条件，即初始应力和初始孔隙比；λ, κ, M 分别是土性参数。

由式（3-34）解出 ε_v^p，可以得到剑桥模型硬化参量 ε_v^p 的显示表达式：

$$\varepsilon_v^p = \frac{\lambda - \kappa}{1 + e_0} \ln \frac{p'}{p'_0} + \frac{\lambda - \kappa}{1 + e_0} \frac{1}{M} \frac{q}{p'} \qquad (3-35)$$

由式（3-35）可以看到，塑性体积应变 ε_v^p 取决于归一化球应力 p'/p'_0 和偏应力比 $\eta = q/p'$（参考 1.4 节）。

式（3-34）可以更加简洁地表示为

$$f = f(q : p', \varepsilon_v^p) = 0 \qquad (3-36)$$

式（3-36）可以更加明确地表明：在应力空间 $q : p'$ 中剑桥模型的屈服面是体积塑性应变 ε_v^p 的等值面，参见图 3.11。若 ε_v^p 不同，则屈服面也会随之扩大（或缩小）。当应力在屈服面内变化时，只会产生弹性变形。若应力超过屈服面，将会产生塑性变形。随着屈服面的扩大，弹性范围也会增大，所以体积塑性应变 ε_v^p 也称之为硬化参量。

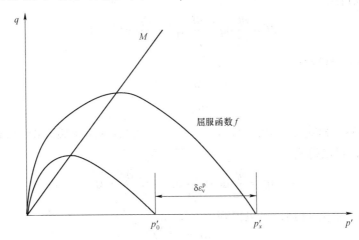

图 3.11　不同硬化参数下的屈服面

由于图 3.11 中屈服面是体积塑性应变 ε_v^p 的等值面，所以可以通过第 1 章介绍的各向同性压缩和膨胀的计算公式，计算出不同屈服面之间体积塑性应变增量 $\delta \varepsilon_v^p$，参见图 3.11。实际上，在式（3-35）中的 ε_v^p 的推导过程中（参考图 3.10 中各向同性压缩和膨胀），已经按照同样思路做过了。即由各向同性压缩和膨胀的计算公式，结合图 3.10 的几何关系和屈服面方程式，推导得到了式（3-35）中体积塑性应变 ε_v^p 的计算公式。这一过程就是典型的临界状态土力学的方法，即把各向同性压缩问题和剪切变形问题（这两个不同问题）作为一个统一的问题去分析和处理。下面利用式（3-31）（它是由各向同性压缩和膨胀的计算公式推导得到的）解释图 3.11 中体积塑性应变增量 $\delta \varepsilon_v^p$ 的意义。式（3-31）表示了沿着 p' 轴（各向同性压缩），由应力 p'_0 压缩到 p'_x，塑性体积应变所对应的值。对式（3-31）微分后得到

$$\delta\varepsilon_v^p = \frac{\lambda-\kappa}{1+e_0}\ln\frac{\delta p_x'}{p_0'} \tag{3-37}$$

式（3-37）表示的塑性体应变增量与相应屈服面的关系，可以参考图 3.11 所示的 $\delta\varepsilon_v^p$ 与 p_0、p_x 的关系。

3.4.3　塑性应变增量方程的推导

前面已经确定了屈服面和塑性势面，并采用了相关联流动法则推导得到了硬化参量（塑性体积应变），接下来就要确定塑性应变增量与应力及应力增量之间的关系。通常知道了塑性势函数，利用塑性正交塑性流动法则式（3-19）就可以计算得到塑性应变的增量。但式（3-19）中的标量塑性因子 $\delta\lambda$ 目前还是未知的。所以，还需要确定塑性因子 $\delta\lambda$。

弹塑性力学中，塑性因子 $\delta\lambda$ 通常是由屈服面方程的一致性条件确定的。一致性条件确定了应力状态与硬化参量之间的一致性，这就使得当前硬化参数值对应的屈服面始终通过当前的应力状态点（保持了一致性），并可以利用这种关系确定塑性因子 $\delta\lambda$。将屈服面方程式（3-15）中的硬化参量 $H(\varepsilon_{ij}^p)$ 用剑桥模型硬化参量 ε_v^p 替换，并对式（3-15）取全微分（一致性条件），可以得到

$$df = \frac{\partial f}{\partial q}dq + \frac{\partial f}{\partial p'}dp' + \frac{\partial f}{\partial \varepsilon_v^p}d\varepsilon_v^p = 0 \tag{3-38}$$

由式（3-34）可以得到

$$\frac{\partial f}{\partial \varepsilon_v^p} = -1 \tag{3-39}$$

再把式（3-39）和式（3-19a）代入式（3-38），注意这里用微分 $d\varepsilon_v^p$ 代替增量 $\delta\varepsilon_v^p$，以方便推导和运算，可以得到

$$df = \frac{\partial f}{\partial q}dq + \frac{\partial f}{\partial p'}dp' - d\lambda\frac{\partial g}{\partial p'} = 0 \tag{3-40}$$

由式（3-40）解出 $d\lambda$ 后，可以得到

$$d\lambda = \frac{\frac{\partial f}{\partial q}dq + \frac{\partial f}{\partial p'}dp'}{\frac{\partial g}{\partial p'}} \tag{3-41}$$

由式（3-34）和式（3-25）可以得到

$$\frac{\partial f}{\partial p'} = \frac{\lambda-\kappa}{1+e_0}\frac{1}{Mp'}\left(M-\frac{q}{p'}\right);\quad \frac{\partial f}{\partial q} = \frac{\lambda-\kappa}{1+e_0}\frac{1}{Mp'};\quad \frac{\partial g}{\partial p'} = \frac{1}{p'}\left(M-\frac{q}{p'}\right);\quad \frac{\partial g}{\partial q} = \frac{1}{p'} \tag{3-42}$$

把式（3-42）中的前 3 个式子代入式（3-41）中，可以得到

$$d\lambda = \frac{\lambda-\kappa}{(1+e_0)M}\left(\frac{1}{M-\frac{q}{p'}}dq + dp'\right) \tag{3-43}$$

把式（3-43）和式（3-42）第 3 个式子代入式（3-19a），可以得到

$$d\varepsilon_v^p = \frac{\lambda-\kappa}{(1+e_0)Mp'}\left(M-\frac{q}{p'}\right)\left(\frac{1}{M-\dfrac{q}{p'}}dq+dp'\right) \qquad (3-44)$$

同样把式（3-43）和式（3-42）第 4 个式子代入式（3-19b），可以得到

$$d\varepsilon_s^p = d\lambda\frac{\partial g(p',q)}{\partial q} = \frac{\lambda-\kappa}{(1+e_0)Mp'}\left(\frac{1}{M-\dfrac{q}{p'}}dq+dp'\right) \qquad (3-45)$$

剑桥模型通常是利用剪胀方程式（3-21）求得塑性偏应变增量的表达式。即首先把剪胀方程式（3-21）中塑性偏应变增量 $d\varepsilon_s^p$ 单独解出来，再把式（3-44）代入其中，就可以得到式（3-45）。

把塑性应变增量式（3-44）和式（3-45）用矩阵可以表示为

$$\begin{bmatrix} d\varepsilon_v^p \\ d\varepsilon_s^p \end{bmatrix} = \frac{\lambda-\kappa}{(1+e_0)Mp'}\begin{bmatrix} M-\dfrac{q}{p'} & 1 \\ 1 & \dfrac{1}{M-\dfrac{q}{p'}} \end{bmatrix}\begin{bmatrix} dp' \\ dq \end{bmatrix} \qquad (3-46)$$

可以分别用式（3-44）和式（3-45）计算出塑性应变增量，再用式（3-9）和式（3-13）计算出弹性应变增量，最后利用式（3-1b）就可以得到总应变的增量。

3.5　修正剑桥模型

3.4.1 节中提到了原始剑桥模型的一个缺点，即 p' 轴上各向同性压缩的屈服点 p'_x 的屈服面正交方向（塑性流动方向）与水平坐标轴方向不一致。这会导致各向同性加载（初始固结）所产生的塑性（体积）应变增量方向（它应该与水平坐标 p' 轴的方向一致）与屈服面的正交方向（塑性流动方向）不一致，见图 3.12 中 p'_x 点处的情况，图中虚线为原始剑桥模型的屈服面。这是原始剑桥模型的屈服面与实验结果不一致的地方，也是该屈服面不足的地方。

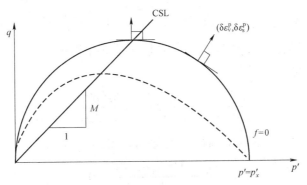

图 3.12　原始剑桥模型和修正剑桥模型在 p'_x 点处的流动情况

3.5.1　关于屈服面的一般性讨论

Roscoe 和 Burland 于 1968 年指出，**任何材料的屈服面总是一种理想化的结果**，并且认为：这种理想化需要根据实验（尽可能满足实验结果）并考虑如何应用（使用方便、简单），这才是合理的。修正剑桥模型的椭圆屈服面就是根据实验并考虑应用方便的一种理想化的结果。

Roscoe 和 Burland 认识到原始剑桥模型屈服面的前述不足，即屈服面在水平坐标轴 p'_x 点处与水平轴方向不具有正交性，因而在修正剑桥模型中采用了在 p'_x 点处具有正交塑性流动的椭圆屈服面。椭圆屈服面是除了圆形屈服面以外的最简单的屈服面，参见图 3.12。最简单的圆形屈服面虽然满足在 p'_x 点处具有正交塑性流动的性质并且最简单，但它难以较好地满足屈服面在应力空间 $q:p'$ 的屈服性质。而椭圆屈服面是既满足在 p'_x 点处具有正交塑性流动的性质，也大致近似地满足屈服面在应力空间 $q:p'$ 的屈服性质。有人认为，可采用更加复杂却能够更好地反映土的实际屈服情况的屈服面，例如采用水滴形屈服面。但这样做会增加数学处理的难度，重要的是剑桥模型的屈服面实际上是边界面。前面提到过，实际土的屈服面与土的边界面并不完全一致，如峰值边界面（Hvorslev 面）就与初始屈服面相差很大。而这种屈服面与边界面的差别，很多情况下可能会大于椭圆屈服面与更精确屈服面的差别。所以采用这种所谓精确、复杂的屈服面未必能够取得好的精度和结果。另外沈珠江在《几种屈服函数的比较》中通过研究得到以下结论：计算参数定义方法影响最大，屈服函数的影响比较次要，而且在 π 平面上选用较复杂的函数未必比简单的圆形函数更好。也就是说，屈服函数或屈服面的选取并不唯一，选取何种屈服函数是一种权衡的结果，牺牲简单性而选取复杂屈服函数未必能够得到理想的结果。

在建立修正剑桥模型过程中，除了屈服面方程及相应的塑性功方程和剪胀方程外，其他方面都与原始剑桥模型完全相同。

3.5.2　塑性功方程和剪胀方程

建立修正剑桥模型过程中，首先确定了屈服面为应力空间中的椭圆形状。而与椭圆屈服面相应的**塑性功方程**（Roscoe et al，1968）为

$$\delta W^{\mathrm{p}} = p'\delta\varepsilon_{\mathrm{v}}^{\mathrm{p}} + q\mathrm{d}\varepsilon_{\mathrm{s}}^{\mathrm{p}} \approx \sqrt{\left(p'\delta\varepsilon_{\mathrm{v}}^{\mathrm{p}}\right)^2 + \left(q\delta\varepsilon_{\mathrm{s}}^{\mathrm{p}}\right)^2} = p'\sqrt{(\delta\varepsilon_{\mathrm{v}}^{\mathrm{p}})^2 + (M\delta\varepsilon_{\mathrm{s}}^{\mathrm{p}})^2} \qquad (3\text{-}47)$$

下面就利用塑性功方程式（3-47）建立剪胀方程和屈服面方程。由塑性功方程式（3-47）可以推导得到相应的**剪胀方程**为

$$\frac{\mathrm{d}\varepsilon_{\mathrm{v}}^{\mathrm{p}}}{\mathrm{d}\varepsilon_{\mathrm{s}}^{\mathrm{p}}} = \frac{M^2 - (q/p')^2}{2q/p'} = \frac{M^2 p'^2 - q^2}{2p'q} \qquad (3\text{-}48)$$

把式（3-23）代入式（3-48）后，经整理可以得到

$$\frac{\mathrm{d}q}{\mathrm{d}p'} + \frac{M^2 - (q/p')^2}{2q/p'} = 0 \qquad (3\text{-}49)$$

3.5.3 屈服函数和塑性势函数

式（3-49）为常微分方程，求解该方程可以得到

$$f(q,p') = g(q,p') = q^2 + M^2 p'^2 - Cp' = 0 \tag{3-50}$$

式（3-50）为修正剑桥模型的屈服面和塑性势面方程，其中 C 为积分常数。修正剑桥模型同样采用相关联流动法则，所以 $f=g$。

与原始剑桥模型相同，修正剑桥模型屈服函数中的积分常数 C 是通过 $q=0$ 时，$p'=p'_x$ 而确定的。结合式（3-50）可以得到：$C = M^2 p'_x$。在把求得的 C 的结果代入式（3-50）后，可以得到

$$f(q,p',H) = q^2 + M^2 p'^2 - M^2 p'_x p' = 0 \tag{3-51}$$

式（3-51）表示的屈服面就是图 3.12 中的椭圆屈服面，p'_x 为各向同性压缩时的屈服压力。

3.5.4 硬化参量

把式（3-51）整理为

$$q^2 + M^2 p'^2 = M^2 p'^2 \frac{p'_x}{p'} \tag{3-52}$$

对式（3-52）两边取自然对数后得到

$$\ln(q^2 + M^2 p'^2) = \ln(M^2 p'^2) + \ln p'_x - \ln p' \tag{3-53}$$

把式（3-32）代入式（3-53），整理后可以得到

$$\ln \frac{q^2 + M^2 p'^2}{M^2 p'^2} = \frac{1+e_0}{\lambda-\kappa} \varepsilon_v^p + \ln \frac{p'_0}{p'} \tag{3-54}$$

整理后可以得到

$$f = \frac{\lambda-\kappa}{1+e_0} \ln \frac{p'}{p'_0} + \frac{\lambda-\kappa}{1+e_0} \ln\left(1 + \frac{q^2}{M^2 p'^2}\right) - \varepsilon_v^p = 0 \tag{3-55}$$

式（3-55）就是修正剑桥模型的屈服面方程，其硬化参量还是塑性体积应变 ε_v^p。ε_v^p 的计算公式可以由式（3-55）导出为

$$\varepsilon_v^p = \frac{\lambda-\kappa}{1+e_0} \ln \frac{p'}{p'_0} + \frac{\lambda-\kappa}{1+e_0} \ln\left(1 + \frac{q^2}{M^2 p'^2}\right) \tag{3-56}$$

而原始剑桥模型的塑性体积应变（硬化参量）的计算公式为

$$\varepsilon_v^p = \frac{\lambda-\kappa}{1+e_0} \ln \frac{p'}{p'_0} + \frac{\lambda-\kappa}{1+e_0} \frac{1}{M} \frac{q}{p'}$$

将修正剑桥模型的塑性体积应变的计算式［式（3-56）］与原始剑桥模型的塑性体积应变的计算公式［式（3-35）］进行比较，可以看到：等号右边第一项完全相同，第二项在临界状态（$q_c = Mp'_c$）时，修正剑桥模型的值约为原始剑桥模型值的 $\ln 2$（$=0.693 \approx 70\%$）。即

当 p' 为常量并到达临界状态时，修正剑桥模型预测的塑性体积应变大约为原始剑桥模型预测的塑性体积应变的 **70%**。

3.5.5 塑性应变增量方程的推导

与原始剑桥模型的推导相同，根据一致性条件，对式（3—55）取全微分有

$$\mathrm{d}f = \frac{\partial f}{\partial q}\mathrm{d}q + \frac{\partial f}{\partial p'}\mathrm{d}p' + \frac{\partial f}{\partial \varepsilon_\mathrm{v}^\mathrm{p}}\mathrm{d}\varepsilon_\mathrm{v}^\mathrm{p} = 0 \qquad (3-57)$$

其中：

$$\frac{\partial f}{\partial \varepsilon_\mathrm{v}^\mathrm{p}} = -1 \qquad (3-58\mathrm{a})$$

$$\frac{\partial f}{\partial q} = \frac{\lambda - \kappa}{1 + e_0}\frac{2q}{M^2 p'^2 + q^2} \qquad (3-58\mathrm{b})$$

$$\frac{\partial f}{\partial p'} = \frac{\lambda - \kappa}{1 + e_0}\frac{1}{p'}\left(\frac{M^2 p'^2 - q^2}{M^2 p'^2 + q^2}\right) \qquad (3-58\mathrm{c})$$

把式（3—58）代入式（3—57）中，可以求出

$$\mathrm{d}\varepsilon_\mathrm{v}^\mathrm{p} = \frac{\lambda - \kappa}{1 + e_0}\left[\frac{2q}{M^2 p'^2 + q^2}\mathrm{d}q + \frac{1}{p'}\left(\frac{M^2 p'^2 - q^2}{M^2 p'^2 + q^2}\right)\mathrm{d}p'\right] \qquad (3-59)$$

由修正剑桥模型的剪胀方程式（3—48）可以得到塑性偏应变 $\varepsilon_\mathrm{s}^\mathrm{p}$ 的计算公式为

$$\mathrm{d}\varepsilon_\mathrm{s}^\mathrm{p} = \frac{2p'q}{M^2 p'^2 - q^2}\mathrm{d}\varepsilon_\mathrm{v}^\mathrm{p} = \frac{\lambda - \kappa}{1 + e_0}\frac{2p'q}{M^2 p'^2 - q^2}\left[\frac{2q}{M^2 p'^2 + q^2}\mathrm{d}q + \frac{1}{p'}\left(\frac{M^2 p'^2 - q^2}{M^2 p'^2 + q^2}\right)\mathrm{d}p'\right] \qquad (3-60)$$

也可以用 $\eta = q/p'$ 将式（3—59）和式（3—60）分别表示为

$$\mathrm{d}\varepsilon_\mathrm{v}^\mathrm{p} = \frac{\lambda - \kappa}{1 + e_0}\left(\frac{2\eta}{M^2 + \eta^2}\mathrm{d}\eta + \frac{1}{p'}\mathrm{d}p'\right) \qquad (3-61)$$

$$\mathrm{d}\varepsilon_\mathrm{s}^\mathrm{p} = \frac{\lambda - \kappa}{1 + e_0}\frac{2\eta}{M^2 - \eta^2}\left(\frac{2\eta}{M^2 + \eta^2}\mathrm{d}\eta + \frac{1}{p'}\mathrm{d}p'\right) \qquad (3-62)$$

$$\mathrm{d}\varepsilon_\mathrm{v} = \mathrm{d}\varepsilon_\mathrm{v}^\mathrm{p} + \mathrm{d}\varepsilon_\mathrm{v}^\mathrm{e} = \frac{1}{1 + e_0}\left[(\lambda - \kappa)\frac{2\eta}{M^2 + \eta^2}\mathrm{d}\eta + \frac{\lambda}{p'}\mathrm{d}p'\right] \qquad (3-63)$$

可以分别用式（3—59）和式（3—60）计算出塑性应变增量，再用式（3—9）和式（3—13）计算出弹性应变增量，最后再利用式（3—1b）就可以得到总应变的增量。

应该注意的是：塑性体应变增量 $\mathrm{d}\varepsilon_\mathrm{v}^\mathrm{p}$ 的计算公式（3—59）（修正剑桥模型）或式（3—45）（原始剑桥模型）都只适用于排水情况下，不能用于不排水情况。不排水情况塑性体应变增量 $\mathrm{d}\varepsilon_\mathrm{v}^\mathrm{p}$ 的计算将在 3.6 节中讨论。

3.6 不同应力路径下剑桥模型塑性应变增量方程

3.6.1 剑桥模型的一般表示

不论是原始剑桥模型或是修正剑桥模型，都可以统一用以下矩阵进行表征

$$\begin{bmatrix} d\varepsilon_v \\ d\varepsilon_s \end{bmatrix} = \begin{bmatrix} D_p & D_{pq} \\ D_{qp} & D_q \end{bmatrix} \begin{bmatrix} dp' \\ dq \end{bmatrix} \tag{3-64}$$

当采用原始剑桥模型时，式（3-64）所示柔度矩阵 **D** 中的各项表达式为

$$D_p = \frac{\kappa}{(1+e_0)p'} + \frac{\lambda-\kappa}{(1+e_0)Mp'}(M-\eta)$$

$$D_{pq} = D_{qp} = \frac{\lambda-\kappa}{(1+e_0)Mp'} \tag{3-65}$$

$$D_q = \frac{2\kappa(1+\mu)}{9vp'(1-2\mu)} + \frac{\lambda-\kappa}{(1+e_0)Mp'}\frac{1}{M-\eta}$$

当采用修正剑桥模型时，则有

$$D_p = \frac{\kappa}{(1+e_0)p'} + \frac{\lambda-\kappa}{(1+e_0)p'}\frac{M^2-\eta^2}{M^2+\eta^2}$$

$$D_{pq} = D_{qp} = \frac{\lambda-\kappa}{(1+e_0)p'}\frac{2\eta}{M^2+\eta^2} \tag{3-66}$$

$$D_q = \frac{2\kappa(1+\mu)}{9vp'(1-2\mu)} + \frac{\lambda-\kappa}{(1+e_0)p'}\frac{4\eta^2}{M^4-\eta^4}$$

从式（3-65）和式（3-66）均可以看到，式（3-64）中的柔度矩阵与应力比 η、有效平均应力 p' 有关。

3.6.2 排水路径下的计算

对于常规三轴压缩剪切实验，水压为 0，总应力与有效应力相等，可直接利用式（3-64）计算体应变和剪应变。

▲ **例 3-2** 已知某土的参数为 $M=1.0$, $\lambda=0.20$, $\kappa=0.05$, $N=3.25$，假设其屈服面可以用原始剑桥模型来表示，如图 3.13 所示。将该土的两个不同土样在三轴仪中经等向加载或卸载至不同应力状态，其中土样 1 等向加载至 $p'_A=600$ kPa（A 正好位于屈服面上），土样 2 先等向加载至 600 kPa 后又卸载至 $p'_B=400$ kPa。随后均保持围压不变，增加轴压，对两土样进行排水剪切实验，试确定两土样破坏时的塑性体应变增量。

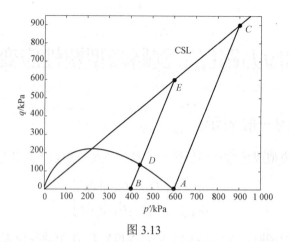

图 3.13

解：根据已知条件可知：土样 1 为正常固结土，其应力路径如图 3.13 中 AC 所示；土样 2 为弱超固结土，其应力路径如图 3.13 中 BDE 所示。可利用式（3-44）计算塑性体应变增量。

首先计算土样 1，其初始状态 A 已经屈服，此时的应力状态为

$$p'_A = 600 \text{ kPa}, q_A = 0, \eta_A = 0$$

由于排水应力路径将是一条斜率为 3 的直线，可将 $\mathrm{d}q = 3\mathrm{d}p'$ 代入临界状态方程式（2-2）中，求出临界状态点 C 的应力为

$$p'_C = 3p'_A / (3 - M) = 3 \times 600 / (3 - 1.0) = 900 \text{ (kPa)}$$

$$q_C = Mp'_C = 1.0 \times 900 = 900 \text{ (kPa)}$$

从屈服到破坏，有效应力的增量为

$$\mathrm{d}p'_{AC} = p'_C - p'_A = 900 - 600 = 300 \text{ (kPa)}$$

$$\mathrm{d}q_{AC} = q_C - q_A = 900 - 0 = 900 \text{ (kPa)}$$

由于 A 点位于正常固结线上，初始体积可利用式（1-13）计算

$$v_A = N - \lambda \ln p'_A = 3.25 - 0.2 \times \ln 600 = 1.97$$

将计算出的应力增量和初始体积等代入式（3-44）得到土样 1 的塑性体应变增量为

$$\mathrm{d}\varepsilon_v^p = \frac{\lambda - \kappa}{Mv_A p'_A} \big[(M - \eta_0) \mathrm{d}p'_{AC} + \mathrm{d}q'_{AC} \big] = \frac{0.15}{1.0 \times 1.97 \times 600} \times \big[(1.00 \times 300) + 900 \big] = 15.23\%$$

接下来计算土样 2。弱超固结土的情况更加复杂，在到达屈服点 D 后才出现塑性变形，在这之前（卸载 $A \to B$ 及再加载 $B \to D$）均为弹性变形。因此，需要先确定 D 点的应力状态和体积。

首先确定土样 2 的屈服应力（D 点的应力），根据式（3-26），可将屈服面方程表示为

$$f = \ln p' + \frac{q}{p'} - \ln 600 = 0$$

由于排水应力路径为一条斜率为 3 的直线，可将 $\mathrm{d}q = 3\mathrm{d}p'$ 代入屈服面方程，求出 D 点的应力：

$$\ln p_D' + \frac{3(p_D' - 400)}{p_D'} - \ln 600 = 0$$

解得 $\qquad p_D' = 444 \text{ kPa}$，$q_D = 132 \text{ kPa}$，$\eta_D = 0.30$

同样地，将 $\mathrm{d}q = 3\mathrm{d}p'$ 代入临界状态方程式（2-2）中，求出临界状态 E 点的应力为

$$p_E' = 3p_B'/(3-M) = 3 \times 400/(3-1.0) = 600 \ (\text{kPa})$$

$$q_E = Mp_E' = 1.0 \times 600 = 600 \ (\text{kPa})$$

从屈服点 D 到破坏点 E，有效应力的增量为

$$\mathrm{d}p_{DE}' = p_E' - p_D' = 600 - 444 = 156 \ (\text{kPa})$$

$$\mathrm{d}q_{DE} = q_E - q_D = 600 - 132 = 468 \ (\text{kPa})$$

接下来确定 D 的体积，可用式（1-14）计算，也可利用式（3-8）计算。从理论上看，使用前者所得的计算结果是精确的，使用后者计算所得的结果可能存在误差。如果是利用膨胀线计算，则需要利用 A 点应力确定膨胀线参数 v_κ：

$$v_\kappa = v_A + \kappa \ln p_A' = 1.97 + 0.05 \times \ln 600$$

因此 D 点体积为

$$v_D = v_\kappa - \kappa \ln p_D' = 1.97 + 0.05 \times \ln 600 - 0.05 \times \ln 444 = 1.985$$

如果用式（3-8）来计算，则计算步长将影响到结果的精确性，这里分两步计算。首先从 A 点到 B 点卸载，体积为

$$\mathrm{d}v_{AB} = -\kappa \frac{\mathrm{d}p_{AB}'}{p_A'} = -0.05 \times \frac{400-600}{600} = 0.017$$

$$v_B = v_0 + \mathrm{d}v_{AB} = 1.97 + 0.017 = 1.987$$

从 B 点到 D 点加载，体积为

$$\mathrm{d}v_{BD} = -\kappa \frac{\mathrm{d}p_{BD}'}{p_B'} = -0.05 \times \frac{444-400}{400} = -0.006$$

$$v_D = v_B + \mathrm{d}v_{BD} = 1.987 - 0.006 = 1.981$$

对比以上计算结果会发现，利用增量法计算的体积与利用式（1-14）直接计算的结果不相同，这属于数值求解带来的误差，可通过减小步长等方法减小误差。当只有弹性变形时，可以用式（1-14）直接计算，但如果出现塑性变形，很难给出变形的解析表达式，此时只能利用增量法进行求解。因此为了统一，本算例按增量法来计算。此时计算出的 D 点体积为 1.981。

由式（3-44）可计算出 DE 段的塑性体应变增量为

$$\mathrm{d}\varepsilon_v^p = \frac{\lambda - \kappa}{Mv_D p_D'} \left[(M-\eta)\mathrm{d}p_{DE}' + \mathrm{d}q_{DE} \right] = \frac{0.15}{1.0 \times 1.981 \times 444} \times \left[(0.7 \times 156) + 468 \right] = 9.84\%$$

▲ **例 3-3** 已知某土的参数为 $M = 1.0$，$\lambda = 0.20$，$\kappa = 0.05$，$N = 3.25$，假设其屈服面可以用修正剑桥模型来表示，如图 3.14 所示。将该土的两个不同土样在三轴仪中经等向加载或卸载至不同应力状态，其中土样 1 等向加载至 $p_A' = 600 \text{ kPa}$（A 点正好位于屈服面上），土样 2 先等向加载至 600 kPa 后又卸载至 $p_B' = 400 \text{ kPa}$。随后保持围压不变，增加轴压，对两个土样进行排水剪切实验，试确定土样破坏时的塑性体应变增量。

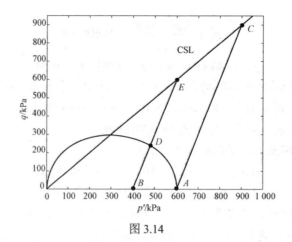

图 3.14

解： 此题条件与例 3-2 相同，区别在于屈服面采用修正剑桥模型，此时需要利用式（3-59）来计算塑性体应变增量，计算步骤与例 3-2 类似。

首先计算土样 1，其初始状态 A 和破坏应力状态 C 的取值与例 3-2 相同，分别为

$$p'_A = 600 \text{ kPa}, \quad q_A = 0, \quad \eta_A = 0$$

$$p'_C = 900 \text{ kPa}, \quad q_C = 900 \text{ kPa}$$

从屈服点 A 到破坏点 C，有效应力的增量为

$$\text{d} p'_{AC} = 300 \text{ kPa}, \quad \text{d} q_{AC} = 900 \text{ kPa}$$

土样 1 的初始体积可利用式（1-13）计算

$$v_A = N - \lambda \ln p'_A = 3.25 - 0.2 \times \ln 600 = 1.97$$

将计算出的应力增量和初始体积等代入式（3-59）得到土样 1 的塑性体应变增量为

$$\text{d}\varepsilon_{\text{v}}^{\text{p}} = \frac{\lambda - \kappa}{v_A p'_A}\left[\frac{M^2 - \eta_A^2}{M^2 + \eta_A^2}\text{d} p'_{AC} + \frac{2\eta_A}{M^2 + \eta_A^2}\text{d} q_{AC}\right] = \frac{0.15}{1.97 \times 600} \times 1.0 \times [0 + 1 \times 300] = 3.81\%$$

接下来计算土样 2。由于屈服采用修正剑桥模型，屈服点 D 的应力需重新计算，根据式（3-59），屈服面方程可以表示为

$$q^2 + p'^2 - 600 p' = 0$$

利用排水应力路径为一条斜率为 3 的直线，可将 $\text{d}q = 3\text{d}p'$ 代入屈服面方程，求出 D 点的应力为

$$\left[3(p'_D - 400)\right]^2 + p'^2_D - 600 p'_D = 0 \Rightarrow p'_D = 480 \text{ kPa}, \quad q_D = 240 \text{ kPa}, \quad \eta_D = 0.5$$

破坏时的应力状态与例 3-2 相同，即利用临界状态线和应力路径求出临界状态点 E 处的应力为

$$p'_E = 600 \text{ kPa}, \quad q_E = 600 \text{ kPa}$$

相应地，DE 的应力增量为

$$\text{d} p'_{DE} = p'_E - p'_D = 600 - 480 = 120 \text{ (kPa)}$$

$$\text{d} q_{DE} = q_E - q_D = 600 - 240 = 360 \text{ (kPa)}$$

屈服点 D 处的体积计算方法与例 3-2 类似，由于 D 的应力状态不同，计算出的体积也有差别，采用增量法计算有

$$\mathrm{d}v_{BD} = -\kappa\frac{\mathrm{d}p'_{BD}}{p'_B} = -0.05\times\frac{480-400}{400} = -0.01$$

$$v_D = v_B + \mathrm{d}v_{BD} = 1.987 - 0.01 = 1.977$$

最后利用式（3-59）计算得到塑性体积变量增量为

$$\mathrm{d}\varepsilon_v^p = \frac{\lambda-\kappa}{v_D p'_D}\left[\frac{M^2-\eta_D^2}{M^2+\eta_D^2}\mathrm{d}p'_{DE} + \frac{2\eta_D}{M^2+\eta_D^2}\mathrm{d}q_{DE}\right]$$

$$= \frac{0.15}{1.977\times480}\times\frac{1}{1+0.5^2}\times\left[2\times0.5\times360+(1-0.5^2)\times120\right] = 5.69\%$$

3.6.3　不排水路径下的计算

　　下面讨论不排水这一特殊加载路径下土的应力应变关系。由于饱和土在不排水实验过程中保持体积不变，在某一荷载增量下土样所遵循的路径如图 3.15 所示，其中路径 $A{\to}B$ 就是不排水路径。应当注意，尽管土样整体上没有发生体积变化，但土样沿路径 $A{\to}B$，即从 CC' 弹性

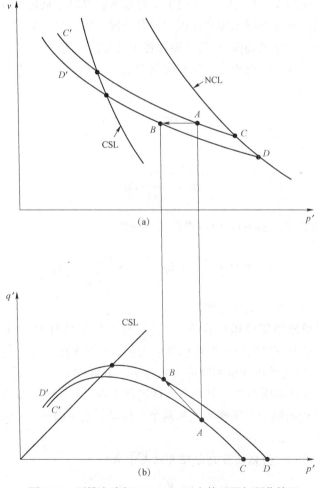

图 3.15　不排水路径（$A{\to}B$）下土的屈服与硬化情况

111

墙的 *A* 点移到 *DD'* 弹性墙的 *B* 点，其中肯定会有塑性体积应变产生（跨越不同的弹性墙）。但是，在加载路径 *A*→*B* 的过程中，p' 是减小的，因此肯定存在弹性（膨胀）体积应变。

所以显然，若土样的总体积保持不变，弹性和塑性体应变必须大小相等且方向相反。由式（3-1）知：总体积应变增量是弹性和塑性体应变增量之和，而不排水意味着总体积应变增量为 0，即 $d\varepsilon_v = d\varepsilon_v^p + d\varepsilon_v^e = 0$，参考式（3-9）可以得到

$$d\varepsilon_v^p = -d\varepsilon_v^e = -\frac{\kappa}{vp'}dp' \tag{3-67}$$

塑性偏应变增量可利用原始剑桥模型剪胀方程式（3-21）计算：

$$d\varepsilon_s^p = \frac{1}{M-\eta}d\varepsilon_v^p = -\frac{1}{M-\eta}\frac{\kappa}{vp'}dp' \tag{3-68}$$

或利用修正剑桥模型剪胀方程式（3-48）计算：

$$d\varepsilon_s^p = \frac{2\eta}{M^2-\eta^2}d\varepsilon_v^p = -\frac{2\eta}{M^2-\eta^2}\frac{\kappa}{vp'}dp' \tag{3-69}$$

将式（3-67）至式（3-69）和式（3-1）结合起来就可以完整地预测不排水情况下各种应变的增量，但一般条件下不排水实验过程中的有效应力增量是未知的，此时仍需借助于剑桥模型求出平均有效应力增量 dp'，然后才能计算出所需的应变。

不排水实验中土体体积保持不变，体积应变增量等于 0，将该条件代入式（3-64）即计算出 dp'，即

$$d\varepsilon_v = D_p dp' + D_{pq}dq = 0 \tag{3-70}$$

利用式（3-70）可求出

$$dp' = -\frac{D_{pq}}{D_p}dq \tag{3-71}$$

将式（3-71）代入式（3-64）中可求出剪应变增量

$$d\varepsilon_s = D_{qp}dp' + D_q dq = \left(D_q - \frac{D_{qp}D_{pq}}{D_p}\right)dq \tag{3-72}$$

对于常规三轴压缩实验，偏应力增量 $dq = d\sigma_1$。

▲ **例 3-4（利用原始剑桥模型计算）** 已知某土的参数为 $M=1.0, \lambda=0.20, \kappa=0.05$，$N=3.25$，假设其屈服面可以用原始剑桥模型来表示，如图 3.16 所示。将该土的两个不同土样在三轴仪中经等向加载或卸载至不同应力状态 $p'_A=600$ kPa（*A* 点正好位于屈服面上），$p'_B=400$ kPa，随后保持围压不变。对两个土样进行常规三轴压缩不排水剪切实验，增加轴压至 $q=300$ kPa，试根据原始剑桥模型判断两个土样是否发生破坏，并确定土样此时的塑性应变增量。

解： 根据式（3-26），初始屈服面方程可以表示为

$$f = \ln p' + \frac{q}{p'} - \ln 600 = 0$$

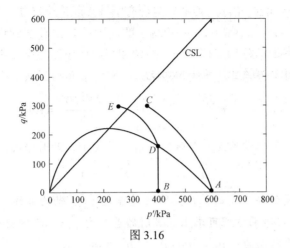

图 3.16

（1）土样 1——正常固结。

A 点位于正常固结线上，初始体积为

$$v_A = N - \lambda \ln p_A' = 3.25 - 0.2 \times \ln 600 = 1.97$$

初始状态就位于屈服面上，应力状态为：$p_A' = 600\ \text{kPa}$，$q_A = 0$。

加载结束时，应力状态为：$q_C = 300\ \text{kPa}$，p_C' 未知。

从初始状态到最终状态的应力增量为

$$\mathrm{d}q = q_C - q_A = 300\ \text{kPa}$$

此时如果采用原始剑桥模型，根据式（3-65）有（忽略剪应变的弹性部分）

$$D_p = \frac{\kappa}{(1+e_0)p'} + \frac{\lambda-\kappa}{(1+e_0)Mp'}(M-\eta) = \frac{0.05}{1.97\times600} + \frac{0.2-0.05}{1.97\times600\times1.0}\times(1.0-0) = 1.69\times10^{-4}$$

$$D_{pq} = D_{qp} = \frac{\lambda-\kappa}{(1+e_0)Mp'} = \frac{0.2-0.05}{1.97\times600\times1.0} = 1.27\times10^{-4}$$

$$D_q = \frac{\lambda-\kappa}{(1+e_0)Mp'}\frac{1}{M-\eta} = \frac{0.2-0.05}{1.97\times600\times1.0} = 1.27\times10^{-4}$$

根据式（3-71）计算出平均有效应力的增量为

$$\mathrm{d}p' = -\frac{D_{pq}}{D_p}\mathrm{d}q = -\frac{1.27\times10^{-4}}{1.69\times10^{-4}}\times300 = -225.44\ (\text{kPa})$$

可以求出加载结束时的应力比，即

$$\eta_C = \frac{q_C}{p_C'} = \frac{300}{600-225.44} = 0.80 < M$$

此时应力比小于临界状态应力比，土样未发生破坏。

根据式（3-72）计算剪应变增量

$$\mathrm{d}\varepsilon_s^p = \left(1.27 - \frac{1.27 \times 1.27}{1.69}\right) \times 10^{-4} \times 300 = 0.95\%$$

（2）土样 2——弱超固结。

土样 2 起点 B 位于膨胀线上，初始体积为

$$v_B = v_0 - \kappa \frac{\delta p'}{p'} = 1.97 - 0.05 \times \frac{400 - 600}{600} = 1.987$$

不排水条件下，土的体积不变，屈服前只有弹性变形，此时根据式（3-9）可知

$$\mathrm{d}\varepsilon_v = \mathrm{d}\varepsilon_v^e = 0 \Rightarrow \mathrm{d}p' = 0$$

屈服前有效围压是保持不变的，应力路径是垂直于 p' 轴的直线，到达初始屈服面上时有 $p_D' = 400\,\mathrm{kPa}$，代入屈服面方程可求出屈服时的剪应力 $q_D = 162.19\,\mathrm{kPa}$。

加载结束时，应力状态为：$q_E = 300\,\mathrm{kPa}$，p_E' 未知。

屈服后 DE 的应力增量为

$$\mathrm{d}q = q_E - q_D = 300 - 162.19 = 137.81\,(\mathrm{kPa})$$

采用原始剑桥模型，根据式（3-65）有（忽略剪应变的弹性部分）

$$D_p = \frac{\kappa}{(1+e_0)p'} + \frac{\lambda-\kappa}{(1+e_0)Mp'}(M-\eta) = \frac{0.05}{1.987 \times 400} + \frac{0.2-0.05}{1.987 \times 400 \times 1.0} \times \left(1.0 - \frac{162.89}{400}\right) = 1.75 \times 10^{-4}$$

$$D_{pq} = D_{qp} = \frac{\lambda-\kappa}{(1+e_0)Mp'} = \frac{0.2-0.05}{1.987 \times 400 \times 1.0} = 1.89 \times 10^{-4}$$

$$D_q = \frac{\lambda-\kappa}{(1+e_0)Mp'}\frac{1}{M-\eta} = \frac{0.2-0.05}{1.987 \times 400 \times 1.0} \times \frac{1}{1-0.4072} = 3.18 \times 10^{-4}$$

根据式（3-71）计算出平均有效应力的增量为

$$\mathrm{d}p' = -\frac{D_{pq}}{D_p}\mathrm{d}q = -\frac{1.89 \times 10^{-4}}{1.75 \times 10^{-4}} \times 137.81 = -148.83\,(\mathrm{kPa})$$

可以求出加载结束时的应力比，即

$$\eta_E = \frac{q_E}{p_E'} = \frac{300}{400-148.83} = 1.19 > M$$

应力比大于 M，说明在达到该应力状态之前，土样已经发生破坏。根据临界状态的定义，此时土样处于流动破坏状态，剪应变无穷大。

▲ 例 3-5（利用修正剑桥模型计算） 已知某土的参数为 $M = 1.0$，$\lambda = 0.20$，$\kappa = 0.05$，$N = 3.25$，假设其屈服面可以用修正剑桥模型来表示，如图 3.17 所示。将该土的两个不同土样在三轴仪中经等向加载或卸载至不同应力状态 $p_A' = 600\,\mathrm{kPa}$（A 点正好位于屈服面上），$p_B' = 400\,\mathrm{kPa}$，随后保持围压不变，对两个土样进行常规三轴压缩不排水剪切实验，增加轴压至 $q_C = q_E = 300\,\mathrm{kPa}$。试根据修正剑桥模型判断两个土样是否发生破坏，并确定土样此时的塑性应变增量。

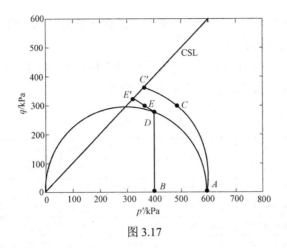

图 3.17

解：根据式（3-51），初始屈服面方程可以表示

$$q^2 + p'^2 - 600p' = 0$$

（1）土样1。

土样1的起点 A 位于正常固结线上，初始体积为

$$v_A = N - \lambda \ln p'_A = 3.25 - 0.2 \times \ln 600 = 1.97$$

初始状态就位于屈服面上，应力状态为：$p'_A = 600\,\text{kPa}$，$q_A = 0$。

加载结束时，C 点应力状态为：$q_C = 300\,\text{kPa}$，p'_C 未知。

从初始状态到最终状态的应力增量为

$$\mathrm{d}q = q_C - q_A = 300\,\text{kPa}$$

此时如果采用修正剑桥模型，根据式（3-66）有（忽略剪应变的弹性部分）

$$D_p = \frac{\kappa}{(1+e_0)p'} + \frac{\lambda - \kappa}{(1+e_0)p'} \frac{M^2 - \eta^2}{M^2 + \eta^2} = \frac{0.05}{1.97 \times 600} + \frac{0.2 - 0.05}{1.97 \times 600} \times 1.0 = 1.69 \times 10^{-4}$$

$$D_{pq} = D_{qp} = \frac{\lambda - \kappa}{(1+e_0)p'} \frac{2\eta}{M^2 + \eta^2} = \frac{0.2 - 0.05}{1.97 \times 600} \times \frac{0}{1} = 0$$

$$D_q = \frac{\lambda - \kappa}{(1+e_0)p'} \frac{4\eta^2}{M^4 - \eta^4} = \frac{0.2 - 0.05}{1.97 \times 600} \times \frac{0}{1} = 0$$

根据式（3-71）计算出平均有效应力的增量为

$$\mathrm{d}p' = -\frac{D_{pq}}{D_p}\mathrm{d}q = -\frac{0}{1.69} \times 360 = 0$$

根据式（3-72）计算剪应变增量为

$$\mathrm{d}\varepsilon_s^p = \left(D_q - \frac{D_{qp} D_{pq}}{D_p} \right)\mathrm{d}q = 0$$

显然上述计算并不符合实验结果，不排水实验尽管没有体积变形，但屈服后仍有塑性体积应变，也有塑性剪应变。这是由于数值计算带来的误差而导致的。本书求解过程均采用了显示算法，所以式（3-66）中的应力比、体积和应力均采用初始值来进行计算，而且从初始状态到破坏状态只采用了一个增量步来计算，因此误差很大。此时需要减小步长，采用多个增量步，计算结果才能更加合理。

如果将计算步长分成多个增量步，每一个增量步均利用式（3–71）和式（3–72）计算，并不断更新应力和应变，最终计算结果如表 3.1 所示。

表 3.1　计算结果

dq/kPa	q/kPa	dε_v	D_p	D_{pq}，D_{qp}	D_q	dp'/kPa	p'/kPa	η	dε_s	ε_s
60	0	0	0.000 169		0	0.00	600.00	0.00	0	0.00%
60	60	0	0.000 167	2.51×10^{-5}	5.08×10^{-6}	−9.05	600.00	0.10	7.73×10^{-5}	0.01%
60	120	0	0.000 162	5.03×10^{-5}	2.13×10^{-5}	−18.66	590.95	0.20	3.39×10^{-4}	0.04%
60	180	0	0.000 153	7.62×10^{-5}	5.32×10^{-5}	−29.78	572.29	0.31	9.22×10^{-4}	0.13%
60	240	0	0.000 141	0.000 104	0.000 114	−44.13	542.51	0.44	2.27×10^{-3}	0.36%
60	**300**	0	0.000 122	0.000 135	0.000 255	−66.16	498.38	**0.60**	6.36×10^{-3}	**1.00%**
24.79	360	0	9.06×10^{-5}	0.000 173	0.000 942	−47.42	432.22	0.83	1.51×10^{-2}	2.51%
	384.79	0	6.6×10^{-5}	0.000 198	8.703 61	0.00	384.80	1.00		

初始增量 dq=60 kPa，第一步计算应力增量和应变仍为 0，但后面增量步的计算结果开始不断增大。根据分步计算结果，在加载结束时的平均应力为 498.38 kPa，此时应力比为 0.60，累计剪应变为 1.00%。如果继续加载至 384.79 kPa，土样将到达临界状态。

（2）土样 2。

土样 2 的初始点 B 位于膨胀线上，可利用式（3–9）计算：

$$\mathrm{d}v = -\kappa\frac{\mathrm{d}p'}{p'} = -0.05\times\frac{400-600}{600} = 0.017$$

$$v_B = v_A + \mathrm{d}v = 1.97 + 0.017 = 1.987$$

不排水条件下，土的体积不变，屈服前只有弹性变形，此时根据式（3–9）可知

$$\mathrm{d}\varepsilon_v = \mathrm{d}\varepsilon_v^e = 0 \Rightarrow \mathrm{d}p' = 0$$

屈服前有效围压是保持不变的，应力路径是垂直于 p' 轴的直线，到达初始屈服面上时有 $p'_D = 400$ kPa，代入屈服面方程可求出屈服时的剪应力 $q_D = 282.84$ kPa，$\eta_D = 0.707$。

加载结束时，应力状态为：$q_E = 300$ kPa，p'_E 未知。

从初始状态到最终状态的应力增量为

$$\mathrm{d}q = q_E - q_D = 300 - 282.84 = 17.16\ （\text{kPa}）$$

采用修正剑桥模型，根据式（3–66）有（忽略剪应变的弹性部分）

$$D_p = \frac{\kappa}{(1+e_0)p'} + \frac{\lambda-\kappa}{(1+e_0)p'}\frac{M^2-\eta^2}{M^2+\eta^2} = \frac{0.05}{1.987\times400} + \frac{0.2-0.05}{1.987\times400}\times\frac{1.0-0.707^2}{1.0+0.707^2} = 1.258\times10^{-4}$$

$$D_{pq} = D_{qp} = \frac{\lambda-\kappa}{(1+e_0)p'}\frac{2\eta}{M^2+\eta^2} = \frac{0.2-0.05}{1.987\times400}\times\frac{2\times0.707}{1+0.707^2} = 1.779\times10^{-4}$$

$$D_q = \frac{\lambda-\kappa}{(1+e_0)p'}\frac{4\eta^2}{M^4-\eta^4} = \frac{0.2-0.05}{1.987\times400}\times\frac{4\times0.707^2}{1-0.707^4} = 5.033\times10^{-4}$$

根据式（3-71）计算出平均有效应力的增量为

$$\mathrm{d}p' = -\frac{D_{pq}}{D_p}\mathrm{d}q = -\frac{1.779\times10^{-4}}{1.258\times10^{-4}}\times17.16 = -24.27\ (\mathrm{kPa})$$

$$p_F = p_D + \mathrm{d}p = 400 - 24.27 = 375.73\ (\mathrm{kPa})$$

此时应力比为

$$\eta_F = \frac{q_F}{p_F} = \frac{300}{375.73} = 0.80 < M$$

说明此时土样未破坏，根据式（3-72）计算塑性剪应变增量为

$$\mathrm{d}\varepsilon_s^p = \left(D_q - \frac{D_{qp}D_{pq}}{D_p}\right)\mathrm{d}q = \left(5.033 - \frac{1.779\times1.779}{1.258}\right)\times10^{-4}\times17.16 = 0.43\%$$

3.6.4　三轴伸长情况

前面讨论的塑性应变增量方程的解答都是针对三轴压缩情况的，即 $\sigma_1' \geqslant \sigma_3'$，$\sigma_2' = \sigma_3'$，但还有另外一种重要的情况——三轴伸长情况，即 $\sigma_1' = \sigma_2'$，$\sigma_1' \geqslant \sigma_3'$。而三轴压缩情况和三轴伸长情况则描述了中主应力 σ_2' 变化过程的两个极端情况，即中主应力 σ_2' 由等于最小的主应力 σ_3'（三轴压缩情况）变化到等于最大的主应力 σ_1'（三轴伸长情况）。下面主要讨论三轴伸长情况的塑性变形和破坏。

首先比较一下两种情况下的实验结果。图 3.18 给出了 Parry（1956）针对 Weald 黏土的三轴压缩和三轴伸长的实验结果。其中实心的实验点代表三轴压缩情况，空心的实验点代表三轴伸长情况，带叉号的实验点为破坏点。从整体趋势看，三轴压缩实验结果略大于三轴伸

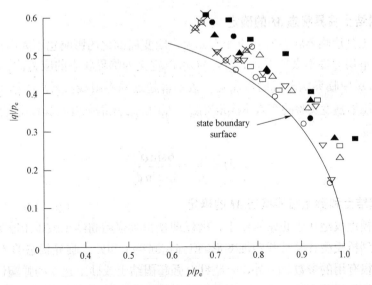

图 3.18　Parry（1962）针对 Weald 黏土的三轴压缩和三轴伸长的实验结果

长实验结果，但与它们本身数据的离散性相比，这种差异不是很明显。然而，在断裂破坏状态时（带叉号的实验点），两种情况却差别较大。断裂破坏状态的平均值为

$$(q/p')_{\text{compress}} = 0.85 ; \quad (q/p')_{\text{extension}} = -0.68$$

采用莫尔－库仑破坏准则的结果是：

如果压缩时，$\eta = M = 0.85$；

如果伸长时，$\eta = -\dfrac{3M}{3+M} = -0.66$。

由此可以知道，莫尔－库仑破坏准则的结果与三轴压缩和三轴伸长实验的断裂破坏结果非常接近。三轴压缩和三轴伸长实验结果差别较大，可能是由于断裂破坏时应力状态不同，另外土样已经不均匀，由此会产生较大的差别。

Roscoe 和 Burland（1968）指出，剑桥模型针对三轴伸长情况的预测结果，只要 $\eta = q/p'$ 不超过 $(q/p')_{\text{extension}} = -0.682$ 时，就可以利用由三轴压缩实验得到的参数进行预测，其预测结果的误差不是很大，并是可接受的。

3.7　土性指标的确定

剑桥模型有三个参数，即 M, λ, κ，见式（3-65）或式（3-66）。其中 M 是直接与临界状态相关的参数，λ 是临界状态线和正常固结线在 $v:p'$ 平面中曲线的斜率，κ 是回弹曲线的斜率。

3.7.1　临界状态 M 的确定

1. 正常固结土临界状态 M 的确定

正常固结土到达临界状态时其应变不太大，应变局部化的影响也不太严重，也就是说，应力、应变的不均匀性不太严重。此时，M 可以定义为临界状态的应力比：$M = q/p'$，即在应力空间 $q:p'$ 中临界状态线的斜率是一条不可超过的界限线。正常固结土的临界状态 M 值可以由三轴压缩强度实验的有效摩擦角确定。即由三轴压缩强度实验获得有效摩擦角，再利用下式确定，即

$$M = \frac{q}{p'} = \frac{6\sin\phi_{\text{c}}'}{3 - \sin\phi_{\text{c}}'} \tag{3-73}$$

2. 强超固结土和砂土临界状态 M 的确定

通常剑桥模型仅适用于正常固结土，所以即使得到强超固结土或砂土临界状态的 M 值，也不宜采用剑桥模型计算其弹塑性变形，但强超固结土和砂土临界状态的 M 值是临界状态土力学中一个很有用的参数。另外，一些针对强超固结土或砂土建立的弹塑性模型也需要采用与它们相应的临界状态的 M 值。一般情况下，强超固结土或砂土到达临界状态时它们的应变值会较大，所以会产生较大的应变局部化现象。应变出现局部化后，应力－应变关系不断

发生改变，并导致应力、应变不能再保持其均匀性，表征体元失去了代表性，此时也就不能很好地解释实验结果和预测结果。

然而，还是可以采用一些经验的方法对强超固结土或砂土大应变情况下临界状态的 M 值进行考虑应变局部化影响的校正。Biarez 和 Hicher（1994）介绍了一种经验方法，可供大家参考。

另外，就重塑土而言，初始状态为强超固结或正常固结的同一土样，它们最终的临界状态是相同和唯一的。也就是说，可以利用同一重塑土的正常固结土样确定 M 值，这种结果理论上应该与强超固结土样的结果相同。

3.7.2 压缩系数 λ 和回弹系数 κ 的确定

压缩系数 λ 和回弹系数 κ 通常可以用三轴仪确定。即利用压缩实验的数据在（$e, \ln p'$）平面内压缩曲线和回弹曲线的斜率确定相应的压缩系数 λ 和回弹系数 κ。但由于固结仪是更加常见的实验仪器，并且可以更加简单、方便地确定压缩系数 λ 和回弹系数 κ，所以工程实践中更多地趋向于采用这种仪器和相应的实验方法。

1.8.2 节中对一维压缩和膨胀与三维轴对称压缩和膨胀进行了比较，结果表明：**正常固结细颗粒土的沉积过程（沉降过程）和该土三轴实验中应力比为 $\eta = K_0$ 的常应力比路径的压缩过程基本相同，即它们具有近似相同的斜率 λ，两者可以相互参考和借鉴**。也就是说，可以用固结仪确定压缩系数 λ。根据上述比较，也可以假定一维压缩和膨胀与三维轴对称压缩和膨胀相似（膨胀阶段也相似），即两种回弹曲线也平行。但需要考虑对数坐标的不同，对两种不同方法获得的结果进行转换，这种转换可以使用下式：

$$\begin{cases} \lambda = 0.434 C_c \\ \kappa = 0.434 C_s \end{cases} \tag{3-74}$$

利用式（3-74）就可以把一维固结仪的实验结果 C_c, C_s 转换为三维轴对称空间 $v: q: p'$ 中相应的系数 λ, κ。

3.8 小 结

1. 土与其他工程材料一样，需要区分弹性（可恢复）和塑性（不可恢复）应变。
2. 试样只有在沿着状态边界面移动时才有塑性应变产生。
3. 若试样一直处于同一个弹性墙中，则只会有弹性应变产生。
4. 利用屈服曲线、流动法则及硬化准则可计算土的塑性应变。
5. 剑桥模型给出的屈服曲线、流动法则及硬化准则的数学表达式，可用于计算任意加载增量下的弹塑性应变增量。

3.9 思 考 题

1. 何谓土体的弹性墙?

2. 屈服面、加载面和破坏面分别是指什么?有什么区别?

3. 什么是相关联和非关联流动法则?土体是否满足相关联流动法则?剑桥模型利用的是什么流动法则?

4. 剑桥模型是如何把各向同性压缩和剪切变形这两个不同的问题作为一个统一的问题去分析和处理的?

5. 原始剑桥模型的屈服面存在什么问题?修正剑桥模型的屈服面与原始剑桥模型的屈服面相比有什么不同?

6. 不排水实验是否会产生塑性体积变形?如何计算?

7. 剑桥模型有几个参数?如何通过实验得到这些参数?

8. 三轴伸长实验与三轴压缩实验有什么区别?能否用通过三轴压缩实验得到的参数来预测三周伸长实验的结果?

9. 剑桥模型有哪些局限性?

3.10 习 题

1. 已知某土样的土性参数如下: $N=3.5$, $\lambda=0.3$, $\kappa=0.06$, $M=1.2$, $G=2\,000\text{ kPa}$, 该土样历史上承受了最大压力 $p_0'=100\text{ kPa}$ 并发生了屈服。现将该土样在 $q_i=0$, $p_i'=75\text{ kPa}$ 条件下固结,随后保持围压不变对其进行排水三轴压缩实验。假设该土样可以用原始剑桥模型描述,请问:

(1) 要使土样不发生屈服,实验过程中可施加的最大力 q, p' 分别为多少?此时土样的弹性应变是多少?

(2) 继续增大外力,土样刚刚发生屈服时的塑性应变增量的比值 $\mathrm{d}\varepsilon_v^p / \mathrm{d}\varepsilon_s^p$ 是多少?

(3) 土样屈服后,应力以 $\mathrm{d}p'=1\text{ kPa}$ 的增量增加,其应变大小是多少?

2. 某种土的土性参数为: $M=1.02$, $\Gamma=3.17$, $\lambda=0.20$, $\kappa=0.05$, $N=3.32$。两试样在三轴仪中进行等向正常固结实验,其中 $p'=200\text{ kPa}$, $u=0$。然后对试样进行加载使得轴向总应力达到 $\sigma_a=220\text{ kPa}$,而径向应力保持不变。试样 A 进行的是保持 $u=0$ 的排水实验,试样 B 进行的是保持 ε_v 不变的不排水实验。

(1) 采用原始剑桥模型计算各试样的剪切和体积应变及孔隙压力的变化。

(2) 采用修正剑桥模型计算各试样的剪切和体积应变及孔隙压力的变化。

3. 对一土样进行常规的三轴实验,已知其土性参数为: $\lambda=0.095$, $\kappa=0.035$, $\Gamma=2.0$,

$M=0.9$，泊松比 $\nu=0.25$。其应力路径如图 3.19 所示，先将其等向正常固结至 A 点，此时 $p'_A=400\,\text{kPa}$，体积为 $\nu_A=1.472$；再卸载至 B 点，此时 $p'_B=320\,\text{kPa}$。然后保持围压 320 kPa 不变，对这一弱超固结土样进行排水剪切实验，直到轴向压力为 500 kPa 时停止实验。（计算时采用修正剑桥模型形式）

（1）判断此时土样是否发生了屈服？

（2）计算此时的体应变和剪应变。

（3）如果要使土样发生破坏（到达图中 D 点），至少要施加多大的轴向压力？

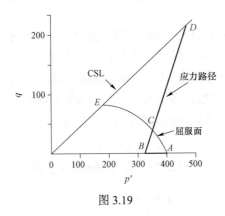

图 3.19

4 三维主应力空间中土的屈服面和状态边界面及平面应变问题

到目前为止，对土在外力作用下其行为的讨论仅限于三维轴对称（三轴仪中）的情况。但现实场地土体中可能受到很宽范围的应力作用和应力路径的影响，并且其中很多情况与标准的三维轴对称应力作用情况存在巨大的差异和不同，而与之相对应的屈服与破坏也与三维轴对称情况有很大的不同。所以，需要考虑一般应力作用和复杂应力路径情况下土的屈服与破坏，以及如何把已知的三维轴对称压缩剪切变形行为和实验的结果应用和推广到更加一般的情况。

在三维主应力空间中，广义球应力 p 和广义偏应力 q 的表达式为

$$p = \frac{1}{3}(\sigma_1 + \sigma_2 + \sigma_3) \tag{4-1}$$

$$q = \sqrt{\frac{1}{2}}\sqrt{(\sigma_1 - \sigma_2)^2 + (\sigma_2 - \sigma_3)^2 + (\sigma_3 - \sigma_1)^2} \tag{4-2}$$

4.1 三维主应力空间与 π 平面

一点的应力状态可以用以三个主应力 $\sigma_1, \sigma_2, \sigma_3$ 作为坐标轴所构成的应力空间进行简洁的表示。应力空间中，满足特定规律和条件的面和线具有特殊的意义，它们为土力学的研究提供了方便的分析工具，例如 π 平面、空间对角线等。

应力空间中，$\sigma_1 = \sigma_2 = \sigma_3 = p$ 的应力状态为各向同性压缩的球应力状态，它可以用通过原点 O 并与各坐标轴有相同夹角的直线进行描述，该直线被称为空间对角线或等压线。而垂直于空间对角线的平面称为 π 平面，参见图 4.1。塑性力学中，偏应力决定了材料的屈服特性，而罗德角和中主应力参数都是反映偏应力的特征量，所以经常采用罗德角和中主应力参数研究塑性变形。

主应力空间中任何一点 $P(\sigma_1, \sigma_2, \sigma_3)$，用矢量表示为 $\overrightarrow{OP}$，该矢量可以表示为在空间对角线上的投影 $\overrightarrow{OQ}$ 与在 π 平面上的投影 $\overrightarrow{QP}$ 这 2 个矢量之和，参见图 4.1。$\overrightarrow{OQ}$ 在空间对角线上的分量值为正压力 σ_π，而 $\overrightarrow{QP}$ 在 π 平面上的分量值为 τ_π，它们的计算公式为

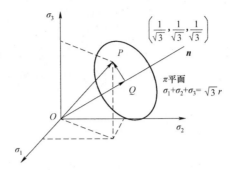

图 4.1 应力点 P 在 π 平面上的投影

$$\sigma_\pi = \left|\overrightarrow{OQ}\right| = \frac{1}{\sqrt{3}}\sigma_1 + \frac{1}{\sqrt{3}}\sigma_2 + \frac{1}{\sqrt{3}}\sigma_3 = \sqrt{3}\,p = \sqrt{3}\,\sigma_{\mathrm{oct}} \qquad (4-3)$$

$$\tau_\pi = \left|\overrightarrow{QP}\right| = \sqrt{\left|\overrightarrow{OP}\right|^2 - \left|\overrightarrow{OQ}\right|^2} = \sqrt{\sigma_1{}^2 + \sigma_2{}^2 + \sigma_3{}^2 - \left[\frac{1}{\sqrt{3}}(\sigma_1 + \sigma_2 + \sigma_3)\right]^2}$$

$$= \frac{1}{\sqrt{3}}\sqrt{(\sigma_1 - \sigma_2)^2 + (\sigma_2 - \sigma_3)^2 + (\sigma_3 - \sigma_1)^2} = \sqrt{\frac{2}{3}}\,q = \frac{3}{\sqrt{3}}\,\tau_{\mathrm{oct}} \qquad (4-4)$$

式中，$\sigma_{\mathrm{oct}}, \tau_{\mathrm{oct}}$（或 σ_8, τ_8）分别是八面体正应力和八面体剪应力，其物理意义参见图 4.2。

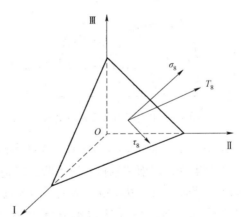

图 4.2 八面体正应力和剪应力的物理意义示意图

主应力空间中任何一点 $P(\sigma_1,\sigma_2,\sigma_3)$ 在 π 平面上的投影为 $P'(\sigma_1',\sigma_2',\sigma_3')$，在 π 平面上取极坐标 (r,θ)，参见图 4.3，则 P' 在 π 平面上的矢径 r 和罗德角 θ 的计算公式为

$$r = \sqrt{x^2 + y^2} = \frac{1}{\sqrt{3}}\sqrt{(\sigma_1 - \sigma_2)^2 + (\sigma_2 - \sigma_3)^2 + (\sigma_3 - \sigma_1)^2} = \tau_\pi \qquad (4-5)$$

$$\cos\theta = \frac{x}{r} = \frac{\sqrt{3}}{\sqrt{6}}\frac{2\sigma_1 - \sigma_2 - \sigma_3}{\sqrt{(\sigma_1 - \sigma_2)^2 + (\sigma_2 - \sigma_3)^2 + (\sigma_3 - \sigma_1)^2}} \qquad (4-6)$$

在 π 平面上建立极坐标 (r,θ) 时，罗德角为 0° 的方向的选取较为随意，这种选取需要注

意所选的方向与各种特殊应力状态的角度关系。本书采用罗汀等（2010）介绍的方法，参见图 4.3。

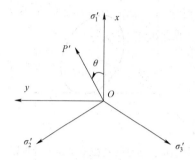

图 4.3 π 平面中应力点 P' 的表示

应该注意：罗德角的公式（4-6）是三轴压缩时 $\theta = 0°$，$\sigma_1 \geqslant \sigma_2 = \sigma_3$ 得到的，参见图 4.3。下面给出另一个常用的关于中主应力参数 b 的定义：

$$b = \frac{\sigma_2 - \sigma_3}{\sigma_1 - \sigma_3} \tag{4-7}$$

图 4.4 给出了中主应力参数的图示。

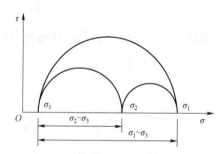

图 4.4 中主应力参数 b 的图示

常见的三轴压缩状态中 $\sigma_2 = \sigma_3$，此时 $b = 0$，$\theta = 0°$，参见图 4.5（a）。当应力状态不同时，与其相应的屈服条件也会发生变化，而三轴伸长应力状态就是一个非常重要的例子。三轴伸长的应力状态为：$\sigma_1 = \sigma_2$，此时 $b = 1$，$\theta = 60°$，参见图 4.5（c）。当 $\sigma_2 = (\sigma_1 + \sigma_3)/2$ 时，此时 $b = 1/2$，$\theta = 30°$，参见图 4.5（b）。中主应力 σ_2 在 $\sigma_3 \leqslant \sigma_2 \leqslant \sigma_1$ 范围内变化。所以，中主应力参数 b 和罗德角 θ 的变化范围为

$$0 \leqslant b \leqslant 1,\ 0° \leqslant \theta \leqslant 60° \tag{4-8}$$

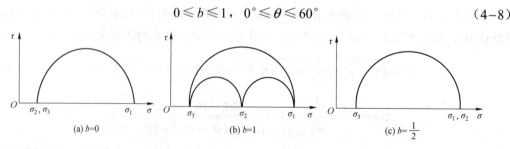

图 4.5 不同应力状态的应力圆图示

通常情况下，仅由中主应力参数 b 或罗德角 θ 不能全面地描述一点应力状态的特征。但中主应力参数 b 却能够描述中主应力的比例关系，而罗德角是一个表征应力状态的参数，可表示中主应力和其他两个主应力间的相对比例及其应力作用的形式。

主应力 σ_1'，σ_2'，σ_3' 与 q, p, θ 之间的关系为

$$\left.\begin{array}{l} \sigma_1 = p + \dfrac{2}{3} q \cos\theta \\[2mm] \sigma_2 = p + \dfrac{2}{3} q \cos\left(\theta - \dfrac{2\pi}{3}\right) \\[2mm] \sigma_3 = p + \dfrac{2}{3} q \cos\left(\theta + \dfrac{2\pi}{3}\right) \end{array}\right\} \qquad (4-9)$$

4.2 中主应力对屈服和强度的影响

4.2.1 三轴压缩和三轴伸长状态

材料的力学性质和应力状态决定了屈服面的形态。下面讨论一下不同应力作用所产生的屈服与强度有何不同。三轴压缩和三轴伸长是两种不同的应力作用，这两种作用都是压力作用，即使三轴伸长方向的应力仍然是压应力而不是拉应力，因此这种不同还不是实质上的不同，而拉应力和压应力的不同才是巨大的。这两种应力作用的不同在于：对于三轴压缩状态，其中主应力 $\sigma_2' = \sigma_3'$；而对于三轴拉伸状态，其中主应力 $\sigma_2' = \sigma_1'$。另外，为了区分三轴压缩状态和三轴拉伸状态，定义 $q' = \sigma_a' - \sigma_r'$，$\sigma_a'$，$\sigma_r'$ 分别是竖向应力和水平围压。三轴压缩状态时，$\sigma_a' \geqslant \sigma_r'$；三轴伸长状态时，$\sigma_a' \leqslant \sigma_r'$，并且 q' 为负值。方便起见，负 q' 值将用向下方向的竖向坐标表示，参见图 4.6。

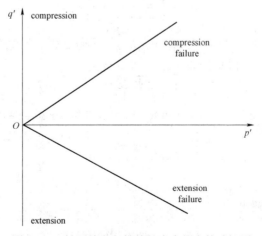

图 4.6 三轴压缩和三轴伸长应力状态的破坏面

第一种情况是把三轴压缩状态的破坏面直接推广到伸长的情况，即采用与 p' 轴对称的破坏面，见图 4.6 下方伸长的破坏面。此时伸长破坏面的方程为

$$-q' = Mp' \qquad\qquad (4\text{-}10)$$

式中，$-q'$ 的含义是表示 $\sigma'_a \leqslant \sigma'_r$ 的情况。

第二种情况，假定：$\phi'_c = \phi'_e$，其中 ϕ'_c, ϕ'_e 分别是压缩情况和拉伸情况的摩擦角。下面根据莫尔–库仑强度理论对伸长情况的破坏面进行讨论。莫尔–库仑强度理论中有效主应力与有效内摩擦角的关系可以借助于图 4.7 表示。由图 4.7 中的几何关系可以推导得到

$$\sin \varphi = \frac{\sigma_1 - \sigma_3}{\sigma_1 + \sigma_3} \qquad\qquad (4\text{-}11)$$

整理式（4-11）可以得到大、小主应力之间的关系为

$$\sigma_1 = \sigma_3 \frac{1 + \sin \varphi}{1 - \sin \varphi} \qquad\qquad (4\text{-}12)$$

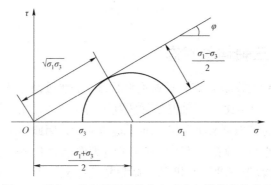

图 4.7　莫尔–库仑强度理论中主应力与摩擦角的关系

一般三维轴对称情况下，式（4-10）可以表示为

$$M = \frac{q}{p'} = \frac{\sigma'_a - \sigma'_r}{(\sigma'_a + 2\sigma'_r)/3} \qquad\qquad (4\text{-}13)$$

三轴压缩时，采用有效应力和有效摩擦角表示，角标 c 表示压缩情况，即 $\sigma_a = \sigma'_1$、$\sigma_r = \sigma'_3$、$\varphi = \phi'_c$，代入式（4-13）并考虑式（4-12），可以得到

$$M_c = \frac{q}{p'} = \frac{\sigma'_1 - \sigma'_3}{(\sigma'_1 + 2\sigma'_3)/3} = \frac{3\left(\dfrac{1 + \sin \phi'_c}{1 - \sin \phi'_c} - 1\right)\sigma'_3}{\left(\dfrac{1 + \sin \phi'_c}{1 - \sin \phi'_c} + 2\right)\sigma'_3} = \frac{3(1 + \sin \phi'_c - 1 + \sin \phi'_c)}{1 + \sin \phi'_c + 2 - 2\sin \phi'_c} = \frac{6\sin \phi'_c}{3 - \sin \phi'_c}$$

$$(4\text{-}14)$$

由式（4-14）可以解出

$$\sin \phi'_c = \frac{3M_c}{6 + M_c} \qquad\qquad (4\text{-}15)$$

三轴伸长时，角标 e 表示伸长情况，$\sigma_a=\sigma_3'$，$\sigma_r=\sigma_1'$，$\varphi=\phi_e'$，$q=-q$，即 $\sigma_a'\leqslant\sigma_r'$，代入式（4-13）并考虑式（4-12），可以得到

$$M_e=\frac{-q}{p'}=\frac{-(\sigma_3'-\sigma_1')}{(\sigma_3'+2\sigma_1')/3}=\frac{-3\left(1-\dfrac{1+\sin\phi_e'}{1-\sin\phi_e'}\right)\sigma_3'}{\left(1+2\dfrac{1+\sin\phi_e'}{1-\sin\phi_e'}\right)\sigma_3'}=\frac{-3(1-\sin\phi_e'-1-\sin\phi_e')}{1-\sin\phi_e'+2+2\sin\phi_e'}=\frac{6\sin\phi_e'}{3+\sin\phi_e'}$$

（4-16）

由式（4-16）可以解出

$$\sin\phi_e'=\frac{3M_e}{6-M_e}$$

（4-17）

第二种情况假定 $\phi_c'=\phi_e'$，比较式（4-14）与式（4-16），可以看到针对这两种情况临界状态摩擦系数 M 分别是两种不同的结果，此时压缩情况下的临界状态摩擦系数大于伸长情况下的临界状态摩擦系数。

而第一种情况假定 $M_c=M_e$，比较式（4-15）与式（4-17），可以看到针对这两种情况有效摩擦角 ϕ' 也分别是两种不同的结果，此时压缩情况下的有效摩擦角 ϕ_c' 小于伸长情况下的有效摩擦角 ϕ_e'。

产生上述两种不同结果的原因是分别采用了两种不同的破坏准则，即临界状态摩擦系数 M 等于常量的破坏准则或有效摩擦角 ϕ' 等于常量的破坏准则。而这两种不同的破坏准则隐含着：**破坏时，两种不同的破坏准则对应的主应力关系方程是不同的，并由此导致上述两种不同结果。**

4.2.2　三维应力空间中的莫尔-库仑准则

在更加一般的三维空间中，q,p' 分别采用式（4-1）和式（4-2）表示。此时，把式（4-1）和式（4-2）代入式（4-10），并将方程两边分别取平方后，可以得到

$$(\sigma_1'-\sigma_2')^2+(\sigma_2'-\sigma_3')^2+(\sigma_3'-\sigma_1')^2=\frac{2}{9}M^2(\sigma_1'+\sigma_2'+\sigma_3')^2$$

（4-18）

当破坏采用临界状态时剪切摩擦破坏准则，其摩擦系数为 M，式（4-18）表示了在三维主应力空间中破坏面的数学表达式。利用图 4.8 可以很容易地对式（4-18）进行解释和说明。在三维主应力空间中，一般应力点 M' 的位置可以用 $\overrightarrow{O'N'}$（N' 位于空间对角线 $O'R$ 上）与垂直于空间对角线 $O'R$（该线上 $\sigma_1'=\sigma_2'=\sigma_3'$）的 $\overrightarrow{N'M'}$ 之和表示。其中：$|\overrightarrow{O'N'}|=\sqrt{3}\sigma_{oct}'=\sigma_\pi'$，$|\overrightarrow{N'M'}|=\sqrt{3}\tau_{oct}'=\tau_\pi'$。此时，式（4-18）可以表示为

$$\left.\begin{array}{l}\tau_{oct}'=\dfrac{\sqrt{2}}{3}M\sigma_{oct}'\\[2mm]\tau_\pi'=\dfrac{\sqrt{2}}{3}M\sigma_\pi'\end{array}\right\}$$

（4-19）

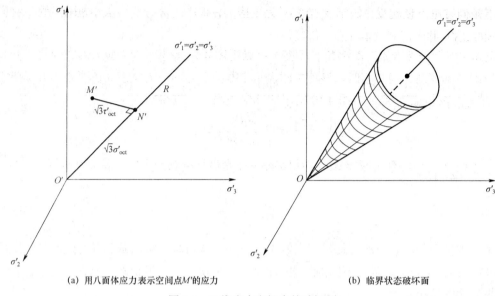

（a）用八面体应力表示空间点M'的应力 　　　　　（b）临界状态破坏面

图 4.8　三维应力空间中的破坏面

方程式（4-19）隐含着，临界状态破坏时等倾面（π 平面）上的半径 $|N'M'|$ 是 $|O'N'|$ 的 $\dfrac{\sqrt{2}}{3}M$ 倍（不变的常数倍数），参见图 4.8（a）。方程式（4-19）中没有任何项是涉及等倾面（π 平面）上关于 N' 点的参考方向角的。破坏面方程式（4-19）表示的曲面是一个圆锥面，参见图 4.8（b）。该曲面与 π 平面相交，其相交的轨迹是一个圆，参见图 4.9。由此，这种临界状态破坏准则 $q'=Mp'$ 可以称之为拓展的米塞斯（von Mises）破坏准则，该准则在 π 平面上的轨迹就是一个圆，这和塑性力学中常用米塞斯准则作为三维金属屈服准则类似。

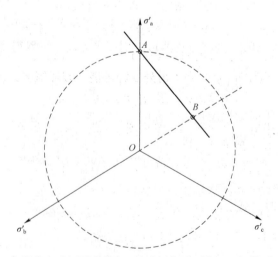

图 4.9　临界状态破坏面和莫尔－库仑破坏准则与 π 平面相交的轨迹

（注：图中的虚线圆为临界状态破坏面的轨迹；AB 实线为莫尔－库仑破坏准则的轨迹。）

下面为讨论方便起见，假定 σ'_a，σ'_b，σ'_c 为主应力，但不区分它们的大小，即不固定它们的大小顺序。

莫尔–库仑破坏准则（摩擦角 ϕ' 不变）可以用图 4.10 表示。当主应力形成的莫尔圆与摩擦角为 ϕ' 的摩擦破坏线相切时，该莫尔圆表示了摩擦破坏的应力状态。在图 4.10 中，σ'_a，σ'_b 为主应力，并且 $\sigma'_a \geqslant \sigma'_b$。由图 4.10 给出的几何关系，可以得到

$$\sigma'_a = \sigma'_b \frac{1+\sin\phi'}{1-\sin\phi'} = K\sigma'_b \qquad (4-20)$$

式（4-20）中没有主应力 σ'_c，所以莫尔–库仑破坏准则与主应力 σ'_c（中主应力）无关。

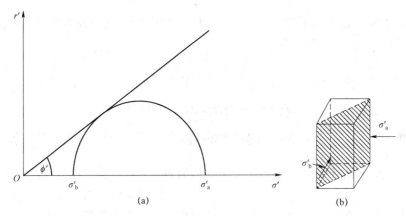

图 4.10 莫尔–库仑破坏准则图示

土体也可以有其他可能的破坏情况，例如：$\sigma'_b \geqslant \sigma'_a$（$\sigma'_b = K\sigma'_a$），$\sigma'_b \geqslant \sigma'_c$（$\sigma'_c = K\sigma'_b$），$\sigma'_b \leqslant \sigma'_c$（$\sigma'_b = K\sigma'_c$），$\sigma'_c \geqslant \sigma'_a$（$\sigma'_a = K\sigma'_c$），$\sigma'_c \leqslant \sigma'_a$（$\sigma'_c = K\sigma'_a$）。考虑这些破坏情况，并根据式（4-20），三个主应力 σ'_a，σ'_b，σ'_c 共有以下 6 种破坏情况的排列方式：

$$(\sigma'_a - K\sigma'_b)(\sigma'_b - K\sigma'_a)(\sigma'_b - K\sigma'_c)(\sigma'_c - K\sigma'_b)(\sigma'_a - K\sigma'_c)(\sigma'_c - K\sigma'_a) = 0 \qquad (4-21)$$

当式（4-21）左侧第一个括号内的式子等于 0 时，就得到式（4-20）。分别令式（4-21）中其他 5 个括号内的式子为 0，就得到了另外 5 种可能的破坏情况。由此得到

$$(\sigma'_i - K\sigma'_j) = 0 \quad (i, j = a, b, c; \ i \neq j) \qquad (4-22)$$

在三维主应力空间中取一个 π 平面，参见图 4.8 或图 4.1。另外，再取一个平面，该平面与 π 平面相交，并形成 π 平面上的 AB 直线，参见图 4.9。为了表示莫尔–库仑破坏准则的中主应力与大、小主应力分别相等的两种情况，在图 4.9 中的 A 点，令 $\sigma'_b = \sigma'_c$；在图 4.9 中的 B 点，令 $\sigma'_a = \sigma'_c$。莫尔–库仑破坏准则可以有以下 2 种情况。

第一种情况，在图 4.9 中的 A 点，有 $\sigma'_b = \sigma'_c$，所以有 $\sigma'_a = K\sigma'_b = K\sigma'_c$，$\pi$ 平面到原点 O 的距离是 σ'_π，参见图 4.1，它可以用式（4-3）计算，即

$$\sigma'_\pi = |OQ| = \frac{1}{\sqrt{3}}\sigma'_a + \frac{1}{\sqrt{3}}\sigma'_b + \frac{1}{\sqrt{3}}\sigma'_c = \frac{1}{\sqrt{3}}\left(1 + \frac{2}{K}\right)\sigma'_a \qquad (4-23)$$

而 π 平面上原点 O 到 A 点的距离（半径 OA，见图 4.9）可以参考图 4.1 中 QP 的半径长

度并用式（4-4）进行计算，即

$$|OA| = \frac{\sqrt{2}}{\sqrt{3}}(\sigma'_a - \sigma'_b) = \frac{\sqrt{2}}{\sqrt{3}}\left(1 - \frac{1}{K}\right)\sigma'_a = \frac{\sqrt{2}}{\sqrt{3}}\left(1 - \frac{1}{K}\right)\frac{\sigma'_\pi}{\frac{1}{\sqrt{3}}\left(1 + \frac{2}{K}\right)} = \frac{\sqrt{2}(K-1)}{K+2}\sigma'_\pi = \frac{3}{\sqrt{3}}\tau_{oct}$$

$$(4-24)$$

第二种情况，在图 4.9 中的 B 点，有 $\sigma'_a = \sigma'_c$，所以有：$\sigma'_a = K\sigma'_b = \sigma'_c$，$\pi$ 平面到原点 O 的距离是 σ'_π，参见图 4.1，它可以用式（4-3）计算，即

$$\sigma'_\pi = |OQ| = \frac{1}{\sqrt{3}}\sigma'_a + \frac{1}{\sqrt{3}}\sigma'_b + \frac{1}{\sqrt{3}}\sigma'_c = \frac{1}{\sqrt{3}}\left(2 + \frac{1}{K}\right)\sigma'_a \qquad (4-25)$$

而 π 平面上原点 O 到 B 点的距离（半径 OB，见图 4.9）可以参考图 4.1 中 QP 的半径长度，并用式（4-4）进行计算，即

$$|OB| = \frac{1}{\sqrt{3}}\sqrt{(\sigma_a - \sigma_b)^2 + (\sigma_b - \sigma_c)^2 + (\sigma_c - \sigma_a)^2} = \frac{\sqrt{2}}{\sqrt{3}}(\sigma'_a - \sigma'_b) = \frac{\sqrt{2}}{\sqrt{3}}\left(1 - \frac{1}{K}\right)\sigma'_a$$

$$= \frac{\sqrt{2}}{\sqrt{3}}\left(1 - \frac{1}{K}\right)\frac{\sigma'_\pi}{\frac{1}{\sqrt{3}}\left(2 + \frac{1}{K}\right)} = \frac{\sqrt{2}(K-1)}{2K+1}\sigma'_\pi = \frac{3}{\sqrt{3}}\tau_{oct} \qquad (4-26)$$

由对称性或针对式（4-21）中 6 个括号内的内容，可依次按上述方法进行分析，从而可以得到完整的莫尔–库仑破坏面在 π 平面的位置，参见图 4.11。图 4.11 中莫尔–库仑破坏面与 π 平面相交的轨迹是一个不等角六边形，其中相对的两个角不等（例如 $\angle A \neq \angle D$），$\angle A$、$\angle C$、$\angle E$ 则相等，$\angle B$、$\angle D$、$\angle F$ 也相等。其中 A 点、C 点和 E 点对应三轴压缩的应力状态，B 点、D 点和 F 点对应三轴伸长的应力状态。拓展的米塞斯准则在 π 平面上的轨迹是一个圆，参见图 4.11。

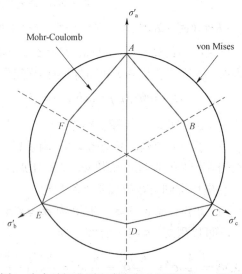

图 4.11　莫尔–库仑破坏准则和米塞斯破坏准则与 π 平面相交的轨迹

下面对莫尔–库仑破坏准则和米塞斯破坏准则进行比较。假定莫尔–库仑破坏准则和米塞斯破坏准则在 A 点相交，即这两个不同的破坏准则都处于相同的三轴压缩应力状态（A 点）。虽然这两个破坏准则还在 C 点和 E 点处于相同的应力状态，但在破坏面的其他点上，这两个破坏准则所对应的应力状态却存在较大的差别，参见图 4.11。特别是莫尔–库仑破坏准则在三轴伸长应力状态 B 点、D 点和 F 点处与米塞斯破坏准则（圆形）的应力状态相差最大，参见图 4.11。

假定 $\tau_\pi = \chi \sigma'_\pi$，其中 χ 中是一个常系数（例如 $\chi = M$），τ_π 与 σ'_π 是线性关系，则三维应力空间中完整的莫尔–库仑破坏面可以表示在图 4.12 中。

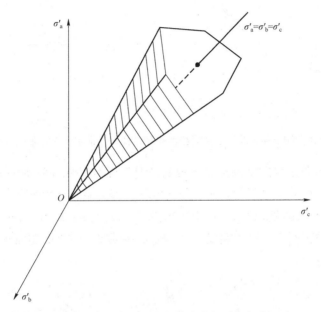

图 4.12　三维应力空间中完整的莫尔–库仑破坏面

4.2.3　米塞斯破坏准则与莫尔–库仑破坏准则的应用

前面花了较大篇幅讨论了两种不同的破坏（屈服）准则，这主要是因为已经知道：土的不同变形阶段需要采用不同的破坏（屈服）准则。所以，图 4.13 给出了各向同性正常固结土样在真三轴仪不排水实验中有效应力路径所具有的形式。图 4.13 中的点 I 表示初始各向同性的状态，这里图示的有效应力路径是由一个光滑的轴对称曲面所确定的，这一曲面与标准的三轴压缩实验所观察到的 Roscoe 面是相似的。所观察到的有效应力路径是由一个光滑的轴对称曲面确定，意味着土破坏前的行为受米塞斯型函数的控制。但观察其后的破坏阶段发现：在所有的实验结果中，破坏摩擦角 ϕ' 都近似相同。也就是说，破坏时土的行为是受莫尔–库仑破坏准则控制的。

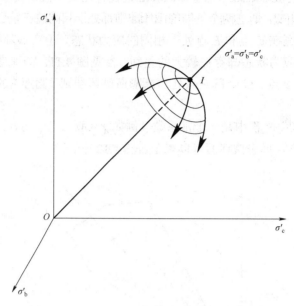

图 4.13　三维应力空间中各向同性正常固结土样在三轴不排水实验中有效应力路径情况的图示

对于由莫尔–库仑破坏准则确定的不规则六边形锥体与轴对称曲面 Roscoe 面相交的几何形状，到目前还没有被实验所确认和证实。然而，Roscoe 面本身所具有的几何形状还是可以用图 4.14 中的图形加以近似表示的，其中交线表示为点 A、B、C、D···连成的曲线（图中黑实线），点 A、C 相应于三轴压缩状态，点 B、D 相应于三轴伸长状态。

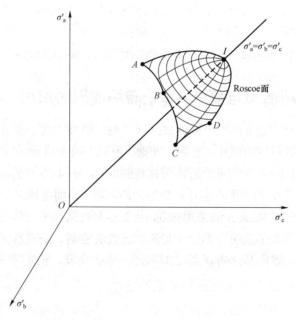

图 4.14　三维应力空间中的 Roscoe 面

图 4.14 中给出的 Roscoe 面是一个体积固定的曲面，通常这种曲面是沿等倾线连续存在的，曲面的形状也是相似的，但对于不同的比体积却具有不同的几何尺寸，参见图 4.15。

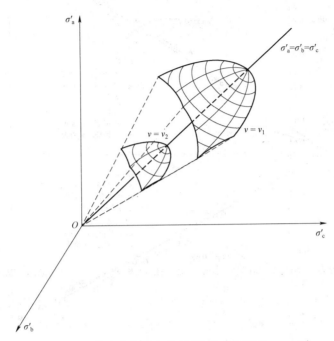

图 4.15　三维应力空间中具有不同比体积的 Roscoe 面

就超固结土而言，通常希望在应力空间中超固结土的状态边界面类似于通过三轴压缩实验所得到的 Hvorslev 面。令人遗憾的是，除了三轴仪中所施加的应力状态外，几乎没有关于超固结土行为的实验数据，而这些数据是确定超固结土在三维主应力空间中状态边界面的必要数据。因此，**三维主应力空间中超固结土的拓展 Hvorslev 边界面的一般形式是未确定的。**然而不管怎样，Parry（1956）针对 Weald 黏土进行了一系列三轴实验，这些实验包括压缩和伸长的破坏实验，这些实验至少可以用于验证拓展 Hvorslev 边界面的某一完整截面（段）的情况。图 4.16 给出了在归一化应力空间 $q' / p'_e : p' / p'_e$ 中 Weald 黏土样在不同应力状态（压缩和伸长）、不同排水条件（排水和不排水），以及其应力路径在很宽的范围内变化等情况下，三轴实验破坏状态的结果。按照图 4.16 中采用的方式，q' 为正值（坐标向上）代表压缩剪切实验，q' 为负值（坐标向下）代表伸长剪切实验。所以，图 4.16 所示是通过拓展 Hvorslev 边界面的一个归一化的截面，该截面应该包括：应力空间中的空间对角线及其长度（$\sigma'_a = \sigma'_b = \sigma'_c$，等倾线及其长度，见图 4.17）及点 A 和点 D。其中点 A 是针对压缩剪切破坏的点，点 D 是针对伸长剪切破坏的点，这两个点可以参见图 4.11。

如果拓展 Hvorslev 面上的 A 点和 D 点能够适合莫尔－库仑破坏准则，则做如下假定还算是合理的，即假定：比体积 v 为常值的完整状态边界面形状如图 4.17 所示。

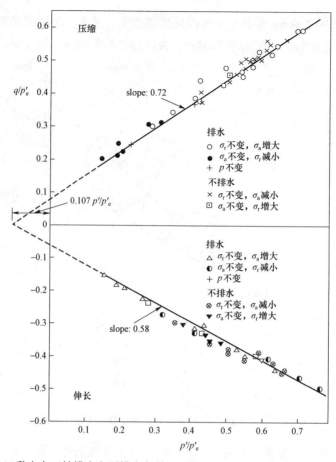

图 4.16　Weald 黏土在三轴排水和不排水条件下压缩和伸长破坏的实验结果（Parry，1956）

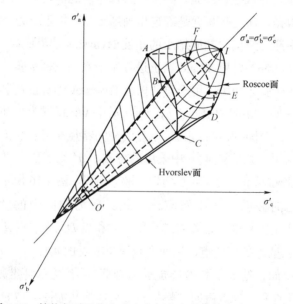

图 4.17　等体积时三维主应力空间中完整的状态边界面的图示

根据上述讨论，做以下假定：拓展 Hvorslev 面是一个不规则六边形锥体，其轴心在应力空间等倾线上，其锥顶点在等倾线负轴上的各向同性有效应力（应该是各向同性有效拉力）点上。另外，Roscoe 面（接近圆心点 I 时，参考图 4.17）在 π 平面上的轨迹是圆形。**Roscoe 面与拓展 Hvorslev 面的交线或这两个面的边界线的几何形状目前还没有通过实验精确地加以确定。**图 4.17 中的点 A、C、E 是 Roscoe 面与 Hvorslev 面组成的边界面中的三个截面 $O'IA$、$O'IC$、$O'IE$ 的分界点，其中每一点都处于三轴压缩剪切状态，并是具有特定比体积 v 的临界状态点。所以，**A、B、C、D、E、F、A 点对应的空间曲线是三维应力空间中拓展临界状态线的表示曲线，**它是通过三轴压缩剪切的临界状态的实验结果拓展到三维主应力空间的。***ABCDEFA*** 空间曲线是具有特定比体积 v 的 Roscoe 边界面与 Hvorslev 边界面的分界面，而对于比体积 v 连续变化的情况，完整边界面的形状一定相同，但其尺寸不同并且是沿等倾线连续变化的相似边界面，参考图 4.15。只不过拓展 Hvorslev 边界面应该按照图 4.17 的方式置于图 4.15 中，这样形成完整的状态边界面，但这样做似乎需要四维空间（σ'_a, σ'_b, σ'_c, v）进行描述。

前面关于三维应力空间中完整的状态边界面的讨论，其关键点是：借助于前述讨论就可以对所关心的实际问题给出简单的观点和说明，并且还可以把整个范围（不同超固结比）土的行为作为一个有机整体联系在一起。如此，三维应力空间中完整的状态边界面问题就仅需要考虑一个截面的情况，并建立起完整的状态边界面。例如，针对三轴压缩剪切情况，仅需要考虑图 4.17 中通过 $O'IA$（或 $O'IC$ 或 $O'IE$）截面上的边界面，接下来，将采用前三章介绍的方法分析这一截面（前三章介绍了针对这种截面的状态边界面的分析方法）。

同样针对三轴伸长剪切情况，仅需要考虑图 4.17 中通过 $O'IB$（或 $O'ID$ 或 $O'IF$）截面上的边界面。上述所有三轴压缩剪切实验中关于边界面情况的讨论，都可以直接应用到三轴伸长剪切实验的情况。这时，需要采用竖向坐标朝下的方向（$-q'/p'_e$）用于表示三轴伸长剪切情况，图 4.18 给出了归一化坐标下的状态边界面，p'/p'_e 坐标轴下部的状态边界面给出了三轴伸长剪切情况下可能的应力状态区域。Roscoe 边界面和 Hvorslev 边界面的交点 D 点，现在必须认为其是临界状态线中的一点，所以 D 点对应的 q'/p' 值（针对三轴伸长剪切情况）可以不同于 A 点对应的 $q'/p'(=M)$ 值（针对三轴压缩剪切情况）。

在三维主应力空间中，针对任何一个确定的应力路径，都会有一些与之相关的（以 Roscoe 边界面和 Hvorslev 边界面形成的完整边界面）截面，这些相关的完整边界面截面的尺寸随着土样比体积 v 的变化而改变。土样的应力状态将会限制在这些状态边界面内（包括状态边界面上），如果剪切变形持续不断，所有土样都会最后移动到临界状态线上的某一点。所预期土的行为方式将总是三轴压缩剪切实验中所观测到结果的反映，因此，土的行为方式必将与前几章讨论的内容和情况相关。

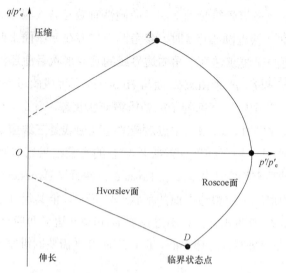

图 4.18　针对三轴压缩和三轴伸长情况的归一化状态边界面图示

通常总是根据压缩剪切实验的情况预测土的行为。然而，三维主应力空间中土的状态边界面的准确形状（例如图 4.17）到目前为止还是有争议的。所以，如果基于图 4.17 给出的状态边界面的形式，对某一场地进行预测，则采用哪种形式的边界面截面及与之相应的室内实验方法（这种室内实验方法可以确定相应截面的边界面）就非常重要。通常要求这种室内实验方法和应力路径应该与场地实际应力路径及场地的其他条件尽可能地保持一致。

为了预测实际工程问题，比如地基沉降，通常需要选取代表性土样进行三轴实验，对其施加相应的应力和应力路径来获取所需的参数，进而对沉降量进行数值预测。这种应力路径方法可以扩展应用到更多的岩土工程问题中，其所需的步骤有：① 选取合适的周围场地土制作土样；② 根据该点场地土单元的实际情况确定其应力路径；③ 按照所确定的应力路径对土样进行室内实验；④ 根据实验结果估算土的变形。

但采用上述方法存在一些问题：土的实际应力路径可以决定土的行为，然而这种应力路径在室内实验中可能无法实现，例如三维应力空间中的某些路径，此时采用实验结果来估算实际土的行为效果就可能不好。尽管如此，这种应力路径的方法还是为工程师们提供了一些规则，可以帮助他们分析实验的不足，分析土体数值模型与实际问题的相关性。

4.3　三维情况下土的应力-应变关系表达式

4.1 节给出了三维主应力空间中应力的一种表述，即

$$p = \frac{1}{3}(\sigma_1 + \sigma_2 + \sigma_3)$$

$$q = \sqrt{\frac{1}{2}}\sqrt{(\sigma_1 - \sigma_2)^2 + (\sigma_2 - \sigma_3)^2 + (\sigma_3 - \sigma_1)^2}$$

应该注意：广义球应力 p 和广义偏应力 q 对三维应力空间的描述并不完备，它们还缺少一个变量，即需要补充一个变量才能够达到完备。这一补充变量通常采用罗德角。

三维主应力空间中功的方程为

$$\delta W = \sigma_1' \delta \varepsilon_1 + \sigma_2' \delta \varepsilon_2 + \sigma_3' \delta \varepsilon_3 = q \delta \varepsilon_s + p' \delta \varepsilon_v \tag{4-27}$$

根据式（4-27）可以得到与三维主应力功对偶（共轭）的三维主应变增量表达式

$$\delta \varepsilon_v = \delta \varepsilon_1 + \delta \varepsilon_2 + \delta \varepsilon_3 \tag{4-28}$$

$$\delta \varepsilon_s = \sqrt{\frac{2}{3}}\sqrt{(\delta \varepsilon_1 - \delta \varepsilon_2)^2 + (\delta \varepsilon_2 - \delta \varepsilon_3)^2 + (\delta \varepsilon_3 - \delta \varepsilon_1)^2} \tag{4-29}$$

首先考虑三轴压缩情况，此时 $\sigma_2' = \sigma_3'$，$\sigma_1' \geqslant \sigma_2' = \sigma_3'$，$\eta = q/p'$。主应力空间中任一应力点 $P(\sigma_1, \sigma_2, \sigma_3)$，在 π 平面上的分量为 τ_π，它的计算公式为

$$\tau_\pi = \frac{1}{\sqrt{3}}\sqrt{(\sigma_1 - \sigma_2)^2 + (\sigma_2 - \sigma_3)^2 + (\sigma_3 - \sigma_1)^2} = \sqrt{\frac{2}{3}}q$$

考虑 π 平面上偏应力表达式，功的表达式（4-27）可以表示为

$$\delta W = q \delta \varepsilon_s + p' \delta \varepsilon_v = \tau_\pi \delta \varepsilon_{\pi,s} + p' \delta \varepsilon_{\pi,v} \tag{4-30}$$

根据式（4-30），与式（4-4）的塑性功共轭的应变增量表达式为

$$\delta \varepsilon_{\pi,v} = \delta \varepsilon_v = \delta \varepsilon_1 + \delta \varepsilon_2 + \delta \varepsilon_3 \tag{4-31}$$

$$\delta \varepsilon_{\pi,s} = \frac{1}{\sqrt{3}}\sqrt{(\delta \varepsilon_1 - \delta \varepsilon_2)^2 + (\delta \varepsilon_2 - \delta \varepsilon_3)^2 + (\delta \varepsilon_3 - \delta \varepsilon_1)^2} \tag{4-32}$$

下面定义新的应力比 η^* 及 M^* 为

$$\eta^* = \frac{\tau_\pi}{p'} = \sqrt{\frac{2}{3}}\eta \tag{4-33}$$

$$M^* = \sqrt{\frac{2}{3}}M \tag{4-34}$$

式中，M^* 和 M 分别是 η^* 和 η 在临界状态时的极限值。

4.3.1　三维主应力空间的屈服面和状态边界面

假定三维主应力空间中湿（剪缩）土的屈服面和状态边界面对称于等倾线 OT，参见图 4.17 顶部的 Roscoe 面。

三维轴对称剪切压缩变形时椭圆屈服面方程为式（3-51），由式（3-51）可以得到

$$\frac{p'}{p_x'} = \frac{M^2}{M^2 + \eta^2} \tag{4-35}$$

将式（4-35）拓展到三维主应力空间（这里是按照米塞斯破坏准则拓展的），即采用屈服面和状态边界面对称于等倾线 OT，则可以得到三维主应力空间的椭圆屈服面为

$$\frac{p'}{p'_x} = \frac{M^{*2}}{M^{*2} + \eta^{*2}} \tag{4-36}$$

参考式（4-33），式（4-36）可以表示为

$$p'^2 M^{*2} + \tau_\pi^2 - M^{*2} p' p'_x = 0 \tag{4-37}$$

把式（4-37）用主应力 $(\sigma'_1, \sigma'_2, \sigma'_3)$ 表示，则有

$$(M^{*2}+6)(\sigma_1'^2 + \sigma_2'^2 + \sigma_3'^2) + 2(M^{*2}-3)(\sigma'_1\sigma'_2 + \sigma'_2\sigma'_3 + \sigma'_3\sigma'_1) - 3M^{*2} p'_x(\sigma'_1 + \sigma'_2 + \sigma'_3) = 0 \tag{4-38}$$

方程式（4-38）是三维主应力 $(\sigma'_1, \sigma'_2, \sigma'_3)$ 空间的椭圆方程。

4.3.2　三维应力-应变关系的增量表达式

假定：① 屈服面是关于等倾线 $O'I$ 对称的曲面（在 π 平面上是圆形）；② 应力主轴与应变主轴共轴；③ 遵守相关联流动法则。由上述假定可以知道：π 平面上的剪应力 τ_π（图 4.1 中的 QP 分量）必然与其共轭（对偶）的塑性剪切应变增量 $\delta\varepsilon_{\pi,s}^p$（屈服圆 P 点的向外正交流动，参考图 3.8）相互平行。固定的 π 平面（在等倾线的位置固定不变）中圆形屈服面上其偏应力 τ_π 是常量，和其对偶的偏应变增量与屈服圆正交并且也是常量，而偏应力与对偶的偏应变增量的比值必然是一个常量，由此就可以得到以下方程：

$$\frac{\tau_\pi}{\delta\varepsilon_{\pi,s}^p} = \frac{\sigma'_1 - \sigma'_2}{\delta\varepsilon_1^p - \delta\varepsilon_2^p} = \frac{\sigma'_2 - \sigma'_3}{\delta\varepsilon_2^p - \delta\varepsilon_3^p} = \frac{\sigma'_3 - \sigma'_1}{\delta\varepsilon_3^p - \delta\varepsilon_1^p} \tag{4-39}$$

假定忽略弹性应变增量（假定 $\delta\varepsilon_1^e = \delta\varepsilon_2^e = \delta\varepsilon_3^e = 0$），式（4-39）就可以表示为

$$\frac{\tau_\pi}{\delta\varepsilon_{\pi,s}^p} = \frac{\tau_\pi}{\delta\varepsilon_{\pi,s}} = \frac{\sigma'_1 - \sigma'_2}{\delta\varepsilon_1 - \delta\varepsilon_2} = \frac{\sigma'_2 - \sigma'_3}{\delta\varepsilon_2 - \delta\varepsilon_3} = \frac{\sigma'_3 - \sigma'_1}{\delta\varepsilon_3 - \delta\varepsilon_1} \tag{4-40}$$

由式（4-31）和式（4-40）解出三个主应变的增量，就可以得到

$$\begin{cases} \delta\varepsilon_1 = \dfrac{1}{3}\left[(2\sigma'_1 - \sigma'_2 - \sigma'_3)\dfrac{\delta\varepsilon_{\pi,s}}{\tau_\pi} + \delta\varepsilon_{\pi,v}\right] \\[2mm] \delta\varepsilon_2 = \dfrac{1}{3}\left[(2\sigma'_2 - \sigma'_3 - \sigma'_1)\dfrac{\delta\varepsilon_{\pi,s}}{\tau_\pi} + \delta\varepsilon_{\pi,v}\right] \\[2mm] \delta\varepsilon_3 = \dfrac{1}{3}\left[(2\sigma'_3 - \sigma'_1 - \sigma'_2)\dfrac{\delta\varepsilon_{\pi,s}}{\tau_\pi} + \delta\varepsilon_{\pi,v}\right] \end{cases} \tag{4-41}$$

式中，$\delta\varepsilon_{\pi,v}, \delta\varepsilon_{\pi,s}$ 的解可以借助于前面介绍的三维轴对称情况下剑桥模型的解而得到，具体方法是：首先根据 4.2 节讨论的情况假定三维空间的屈服面，再利用剑桥模型给出某一截面（图 4.17 中的 $O'IA$ 截面）上的解，即式（3-62）和式（3-63）给出了 $\delta\varepsilon_{\pi,v}, \delta\varepsilon_{\pi,s}$ 的解答。但利用式（3-62）和式（3-63）的解答时要注意采用新的应力比 η^* 及 M^*，见式（4-33）和式（4-34）。由此，式（3-63）和式（3-62）就分别变为

$$d\varepsilon_{\pi,v} = d\varepsilon_{\pi,v}^p + d\varepsilon_{\pi,v}^e = \frac{1}{1+e_0}\left[(\lambda - \kappa)\frac{2\eta^*}{M^{*2} + \eta^{*2}}d\eta^* + \frac{\lambda}{p'}dp'\right] \tag{4-42}$$

$$d\varepsilon_{\pi,s} = d\varepsilon_{\pi,s}^{p} = \frac{\lambda - \kappa}{1 + e_0} \frac{2p'\tau_{\pi}}{M^{*2}p'^{2} - \tau_{\pi}^{2}} \left[\frac{2\tau_{\pi}}{M^{*2}p'^{2} + \tau_{\pi}^{2}} d\tau_{\pi} + \frac{1}{p'}\left(\frac{M^{*2}p'^{2} - \tau_{\pi}^{2}}{M^{*2}p'^{2} + \tau_{\pi}^{2}} \right) dp' \right]$$

$$(4\text{-}43)$$

最后，再把式（4-42）和式（4-43）代入式（4-41）就可以得到最后的解答。**注意这一解答是假定弹性变形为 0 时得到的。**

4.4　采用通过三轴压缩实验得到的参数预测平面应变条件下土的行为

很多实际工程的土体可以近似地认为是平面应变问题，但室内实验大多采用三轴实验来确定土的参数，三维轴对称状态与平面应变问题具有很大的不同，实验已经证实通过平面应变实验和常规三轴实验得出的材料的强度指标有明显的差别。因此本节将探讨如何用三轴压缩实验参数来预测平面应变条件下土体的行为。平面应变条件下 σ_2' 和 $\delta\varepsilon_2$ 分别表示中主应力和中主应变增量，σ_1' 不必大于 σ_3'。把 $\delta\varepsilon_2 = 0$ 代入式（4-41），并求解式（4-42）和式（4-33）。然而即使是最简单的情况，当已知 σ_1'，σ_2'，σ_3' 和应力增量 $\delta\sigma_1'$，$\delta\sigma_3'$ 时，整个求解过程也是复杂、冗长和烦琐的。原因在于，式（4-42）和式（4-43）的解答只有在 $\delta\sigma_2'$ 已经确定后才能够求解出来，并且这两个式子的解答 $\delta\varepsilon_{\pi,v}^{p}$，$\delta\varepsilon_{\pi,s}^{p}$ 出现在式（4-41）中 $\delta\varepsilon_2$ 的解答中（此处假定：$\delta\varepsilon_{\pi,v}^{p} = \delta\varepsilon_{\pi,v}$，$\delta\varepsilon_{\pi,s}^{p} = \delta\varepsilon_{\pi,s}$）。也就是说，式（4-41）的最终解答依赖于 $\delta\sigma_2'$ 是否已经确定。通常三维轴对称条件下的屈服面是由当前应力状态唯一确定的，而平面应变条件下 $\delta\sigma_2'$ 却是未知的，并且 $\delta\sigma_2'$ 是所施加应力路径的函数。产生这种情况的原因是，平面应变条件下 $\delta\varepsilon_2 = 0$，但 $\delta\varepsilon_2^{p} = -\delta\varepsilon_2^{e}$，它们并不等于 0，而且 $\delta\varepsilon_2^{e}$ 是应力路径的函数。但这种情况可以通过假定弹性变形等于 0（相当于膨胀线斜率 $\kappa = 0$）而得到巨大的简化，下面将对此加以讨论。

4.4.1　平面应变条件下三维主应力（σ_1',σ_2',σ_3'）空间中的屈服面

假定弹性变形等于 0（相当于膨胀线斜率 $\kappa = 0$），平面应变条件下所有应力路径必须满足 $\delta\varepsilon_2^{p} = \delta\varepsilon_2 = 0$。由正交流动法则可以知道：屈服面上的塑性流动向量 $\delta\varepsilon_1^{p} + \delta\varepsilon_3^{p}$ 必然等于 $\delta\varepsilon_1 + \delta\varepsilon_3$，并且在平行于 $\sigma_1'O\sigma_3'$ 的平面内，参见图 4.19。由此得到平面应变条件下三维主应力空间中唯一的屈服面，见图 4.19 中空间曲线 $C'B_2'A'B_1'$。它是一个椭圆屈服面，其形状示于 $\sigma_1'O\sigma_3'$ 平面内，见 $C_2B_2AB_1C_1$ 曲线。

椭圆屈服面中应力 σ_1',σ_3'（沿着 σ_2' 方向应力没有变化）应该满足：

$$\frac{\delta\sigma_1'}{\delta\sigma_2'} = \frac{\delta\sigma_3'}{\delta\sigma_2'} = 0 \qquad (4\text{-}44)$$

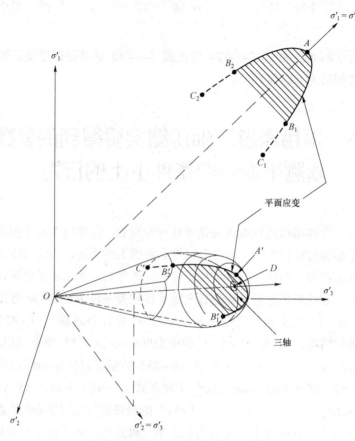

图 4.19 主应力空间中边界面和屈服面

把式（4-38）对 σ_2' 求微分，并注意式（4-44），可以得到

$$2(M^{*2}+6)\sigma_2' + 2(M^{*2}-3)(\sigma_1'+\sigma_3') - 3M^{*2}p_x' = 0 \tag{4-45}$$

式（4-45）表示一个平面中的椭圆屈服面，见图 4.19 中空间曲线 $C_2'B_2'A'B_1'$（椭圆屈服面与斜线截面的交线），该曲线 $C_2'B_2'A'B_1'$（或斜线截面）平行于 $\sigma_1'O\sigma_3'$ 平面。

4.4.2　平面应变条件下二维主应力（σ_1', σ_3'）空间中的屈服面

要想得到平面应变条件下二维主应力 (σ_1', σ_3') 空间中的屈服面，必须消去三维主应力空间的椭圆屈服面方程式（4-38）中的中主应力 σ_2'。为此，由式（4-45）解出 σ_2' 的表达式，然后再回代入式（4-38）中，就可以得到二维主应力 (σ_1', σ_3') 空间中的屈服面方程。根据这一思路，由式（4-45）解出的 σ_2' 的表达式为

$$\sigma_2' = \frac{3M^{*2}p_x' - 2(M^{*2}-3)(\sigma_1'+\sigma_3')}{2(M^{*2}+6)} \tag{4-46}$$

把式（4-46）代入式（4-38）中，就可以得到二维主应力 (σ_1', σ_3') 空间中的屈服面方程为

$$2(M^{*2}+3)(\sigma_1'^2+\sigma_3'^2)-3M^{*2}p_x'(\sigma_1'+\sigma_3')+2(M^{*2}-3)\sigma_1'\sigma_3'-\frac{M^{*4}}{4}p_x'^2=0 \quad （4-47）$$

在图 4.19 中，$\sigma_1'O\sigma_3'$ 平面内 $C_2B_2AB_1C_1$ 椭圆曲线就是式（4-47）的图示。

4.4.3　平面应变条件下二维应力（t,s'）空间中的屈服面

平面应变条件下二维应力 t,s' 定义为

$$\begin{cases} t=\dfrac{\sigma_1'-\sigma_3'}{2} \\[2mm] s'=\dfrac{\sigma_1'+\sigma_3'}{2} \end{cases} \quad （4-48）$$

把式（4-48）代入式（4-47）中，可以得到

$$6M^{*2}s'^2+2(M^{*2}+6)t^2-6M^{*2}p_x's'-\frac{M^{*4}}{4}p_x'^2=0 \quad （4-49）$$

式（4-47）中的 p_x' 在二维应力（t,s'）空间中不太方便表示出来，p_x' 需要转变为用应力（t,s'）表示。在图 4.19 中，$\sigma_1'O\sigma_3'$ 平面内屈服面 $C_2B_2AB_1C_1$ 椭圆曲线顶点 A 至原点 O 的距离 $|OA|=\sqrt{2}s_x'$。由式（4-49）解出 p_x'（令 $t=0$），可以得到

$$p_x'=\frac{2s_x'}{W}, \quad W=1+\sqrt{1+\frac{M^{*2}}{9}} \quad （4-50）$$

式中，W 为转换因子。把式（4-50）回代到式（4-49）中，并令 $\eta''=t/s'$，可以得到

$$\eta''^2=\left(\frac{t}{s'}\right)^2=\left[\frac{s_x'}{s'}\left(\frac{M^{*2}}{6W^2}\frac{s_x'}{s'}+\frac{2}{W}\right)-1\right]\frac{3M^{*2}}{M^{*2}+6} \quad （4-51）$$

把式（4-51）中的 M^* 替换回 M，则式（4-51）变为

$$\eta''^2=\left[\frac{s_x'}{s'}\left(\frac{M^2}{9W^2}\frac{s_x'}{s'}+\frac{2}{W}\right)-1\right]\frac{M^2}{3(W-1)^2} \quad （4-52）$$

式（4-52）就是屈服面（$\kappa=0$）在二维应力（t,s'）空间中的表达式，它是一个椭圆方程，其形心在 $s=s_x/W$ 处，并且其主轴与 s 轴同轴。当这一屈服面在归一化应力空间 $t/s_x':s'/s_x'$，并且 $M=1.0$ 时，它仍然保持椭圆形，参见图 4.20 中的椭圆实曲线。而同一屈服面在归一化主应力空间 $\sigma_1'/s_x':\sigma_3'/s_x'$ 时，它的屈服面如图 4.21 中实线曲线所示，它相对 $\sigma_1'=\sigma_3'$ 轴还是一个椭圆屈服面。图 4.20 和图 4.21 中的虚线曲线代表三轴压缩剪切的屈服面，它们在图中已经不再是椭圆形屈服面了。

然而在实际使用中，把三轴压缩剪切实验的数据在二维应力（t,s'）空间中表示出来，并且假定：三轴压缩剪切实验的结果与平面应变的实验结果相同。而这种假定所产生的误差在图 4.20 和图 4.21 中给出了清楚的表示。

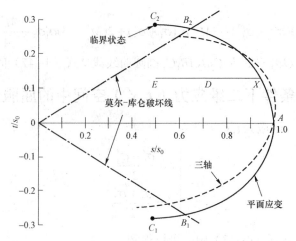

图 4.20 归一化空间 t/s_0 : s'/s_0 中某一确定不排水屈服压力 s_0 的屈服面（此处 $s_0' = s_x'$）

（注：图中实线也是式（4-52）的图示，虚线为修正剑桥模型屈服面式（3-51）的图示。）

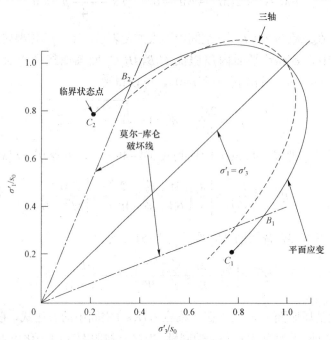

图 4.21 屈服面在归一化主空间 σ_1'/s_0 : σ_3'/s_0 中的图示

（注：图 4.21 即式（4-52）的图示，虚线为修正剑桥模型屈服面式（3-51）的图示。）

实际上，采用式（4-52）和式（4-50）进行分析和计算时，通常是复杂和难以处理的。为此可以做以下简化，并且不会产生较大的误差。假定：① 当 $0.7 \leqslant M \leqslant 1.2$ 时，根据式（4-52）和式（4-51），有 $2.028 \leqslant W \leqslant 2.078$ 和 $1.0 \leqslant s_x'/s' \leqslant 2.0$。所以，式（4-52）中 $\dfrac{M^2}{9W^2}\dfrac{s_x'}{s'} + \dfrac{2}{W}$ 的最大的变化范围是：从 0.999（当 $M = 0.7$，$s_x'/s' = 1.0$）到 1.038（当 $M = 1.2$，$s_x'/s' = 2.0$）。由此可以作假定：② $W = 2.0$ 及假定③ $\dfrac{M^2}{9W^2}\dfrac{s_x'}{s'} + \dfrac{2}{W} = 1$

根据上述 3 个假定，式（4-52）就可以变为

$$\eta'' = \frac{t}{s'} = \frac{M}{\sqrt{3}}\sqrt{\frac{s_x'}{s'} - 1} \qquad (4-53)$$

式（4-52）和式（4-53）确定的屈服面的差别如图 4.22 所示。图 4.22 给出了两种不同情况下的偏差图示，分别为：$M = 0.7$，$0.44 \leqslant s'/s_x' \leqslant 1.0\%$ 和 $M = 1.2$，$0.43 \leqslant s'/s_x' \leqslant 1.0\%$。由图 4.22 可见两式计算误差不大，因此，4.4.4 节将采用简化方法，即采用式（4-53）。

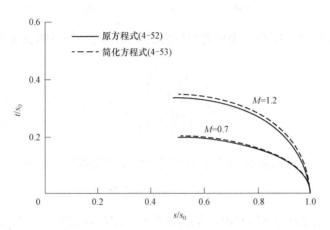

图 4.22　采用不同方法计算屈服面的对比

4.4.4　平面应变条件下应力–应变的增量方程

如果把式（4-53）中的 $t, s', s_x', M/\sqrt{3}$ 分别替换为修正剑桥模型中的 q, p', p_x', M，则式（4-53）变为

$$\frac{p'}{p_x'} = \frac{M^2}{M^2 + \eta^2}$$

这就是修正剑桥模型的屈服面方程式（3-51）。所以可以推论修正剑桥模型的解即式（3-62）和式（3-63），也可以是式（4-53）的解，但是需要把修正剑桥模型中的 q, p', p_x', M 分别替换为 $t, s', s_x', M/\sqrt{3}$。另外，需要给出与塑性功相共轭（对偶）的塑性应变增量的定义。

$$W = s'\delta\varepsilon_{\mathrm{m}}^{\mathrm{p}} + t\delta\varepsilon_{\mathrm{t}}^{\mathrm{p}} = \sigma_1'\delta\varepsilon_1^{\mathrm{p}} + \sigma_3'\delta\varepsilon_3^{\mathrm{p}}$$

由此就可以得到平面应变条件下应变增量的表达式

$$\delta\varepsilon_{\mathrm{m}}^{\mathrm{p}} = \delta\varepsilon_1^{\mathrm{p}} + \delta\varepsilon_3^{\mathrm{p}} \qquad (4-54)$$

$$\delta\varepsilon_{\mathrm{t}}^{\mathrm{p}} = \delta\varepsilon_1^{\mathrm{p}} - \delta\varepsilon_3^{\mathrm{p}} \qquad (4-55)$$

根据修正剑桥模型屈服面方程式（3-51）即为平面应变条件下式（4-53），可以知道其相应的剪胀方程为式（3-48）

$$\frac{\mathrm{d}\varepsilon_\mathrm{v}^\mathrm{p}}{\mathrm{d}\varepsilon_\mathrm{s}^\mathrm{p}} = \frac{M^2 - (q/p')^2}{2q/p'} = -\frac{\mathrm{d}q}{\mathrm{d}p'}$$

式（3-48）中右端的等式为式（3-49）。而平面应变条件下与上式对应的（相应于式（4-53）的）剪胀方程为

$$\frac{\mathrm{d}\varepsilon_\mathrm{m}^\mathrm{p}}{\mathrm{d}\varepsilon_\mathrm{t}^\mathrm{p}} = \frac{\left(\dfrac{M}{\sqrt{3}}\right)^2 - (t/s')^2}{2t/s'} = -\frac{\mathrm{d}t}{\mathrm{d}s'} \qquad (4-56)$$

与修正剑桥模型式（3-51）类比也可以得到平面应变条件下的表达式：

$$\frac{s'}{s_x'} = \frac{\left(\dfrac{M}{\sqrt{3}}\right)^2}{\left(\dfrac{M}{\sqrt{3}}\right)^2 + \left(\dfrac{t}{s'}\right)^2} \qquad (4-57)$$

式（4-57）中的 s_x' 与孔隙比的关系表达式（平面应变条件下）为

$$e_\mathrm{a} - e = \lambda' \ln s_x'$$

上式为平面应变条件下 $\sigma_1' = \sigma_3'$ 时正常固结土的压缩关系曲线，其中 e_a 为 $s' = 1$ 时该曲线对应的孔隙比。理论上讲，$\lambda' = \lambda$，即三轴压缩情况下正常固结线的斜率 λ 等于平面应变情况下且 $\sigma_1' = \sigma_3'$ 时正常固结线的斜率 λ'。Burland（1967）在他的博士论文中已经通过对高岭土的实验证实了这一点。

假定：土为平面应变情况，并且 $\kappa = 0$。如果土的初始状态 t, s', e 是在状态边界面上，而且承受平面应变条件下的应力增量 $\delta t, \delta s'$ 的作用，土会屈服，并产生以下塑性变形（与式（3-59）和式（3-60）相比较）：

$$\mathrm{d}\varepsilon_\mathrm{m}^\mathrm{p} = \mathrm{d}\varepsilon_\mathrm{m} = \frac{\lambda}{1+e_0}\left[\frac{2t}{\left(\dfrac{M}{\sqrt{3}}\right)^2 s'^2 + t^2}\mathrm{d}t + \frac{1}{s'}\left(\frac{\left(\dfrac{M}{\sqrt{3}}\right)^2 s'^2 - t^2}{\left(\dfrac{M}{\sqrt{3}}\right)^2 s'^2 + t^2}\right)\mathrm{d}s'\right] \qquad (4-58)$$

$$\mathrm{d}\varepsilon_\mathrm{t}^\mathrm{p} = \mathrm{d}\varepsilon_\mathrm{t} = \frac{\lambda}{1+e_0}\frac{2s't}{\left(\dfrac{M}{\sqrt{3}}\right)^2 s'^2 - t^2}\left[\frac{2t}{\left(\dfrac{M}{\sqrt{3}}\right)^2 s'^2 + t^2}\mathrm{d}t + \frac{1}{s'}\left(\frac{\left(\dfrac{M}{\sqrt{3}}\right)^2 s'^2 - t^2}{\left(\dfrac{M}{\sqrt{3}}\right)^2 s'^2 + t^2}\right)\mathrm{d}s'\right] \qquad (4-59)$$

利用式（4-58）和式（4-59）就可以计算平面应变条件下土的应变增量（此时忽略弹性变形，即塑性变形等于整个土的变形）。应该注意，平面应变条件下应变增量的表达式（4-58）和式（4-59）中的 λ, M 是三轴压缩实验中获得的结果。

4.5　三维空间中土的应力作用的讨论

从力学的角度，主要讨论应力作用下土的变形与破坏。所以，应力作用的状态决定了其变形和破坏的形式，而土体的几何形状和边界条件对土体的变形和破坏只是起到了约束和限制的作用。当不考虑主应力轴的旋转时，在三维主应力空间中描述各种不同应力的作用是合理的。鉴于通常的变形和破坏的理论和模型主要是根据一维和二维的情况建立的，因此根据二维情况建立的模型（实际情况都是三维的），如何考虑中主应力 σ_2' 的作用就很重要。从屈服和强度的角度，通常采用中主应力参数 b 描述中主应力的影响，b 的表达式见式（4–7）。$b=0$（$\sigma_2'=\sigma_3'$）和 $b=1$（$\sigma_2'=\sigma_1'$）是中主应力 σ_2' 作用的两种极端情况，它们分别对应三轴压缩实验和三轴伸长实验的应力作用。

4.5.1　中主应力 σ_2' 对应力–应变关系的影响

当有效球应力保持恒定不变时，b 值对体积（或孔隙比）变化似乎没有明显的影响。Lanier 等人（1987）对 Hostun 密砂进行的实验表明，初始阶段砂样有微小剪缩，随后出现剪胀，其剪胀速率与 b 值无关。Trueba（1988）对正常固结黏土进行的实验中也没有显示 b 值与体积应变之间有明确的关系。不排水条件下，试样体积不会变化，也可以认为体积变化与 b 值无关（当然孔压可以发生变化，孔压的变化与 b 值的关系有待考察）。

现有实验结果表明，不论排水或不排水条件下的砂土或黏土，通常中主应力对归一化的偏应力 q/p' 和偏应变 ε_s（$\eta:\bar{\varepsilon}$ 空间）曲线的初始斜率几乎没有影响，如图 4.23 和图 4.24 所示。

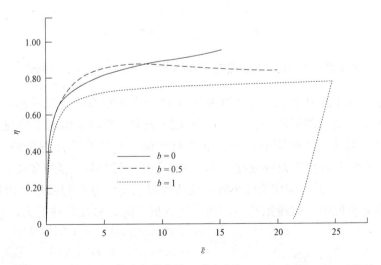

图 4.23　黏土的不同 b 值路径的实验（球应力为 300 kPa）（Trueba，1988）

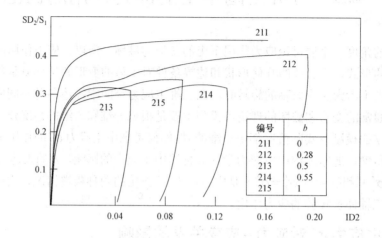

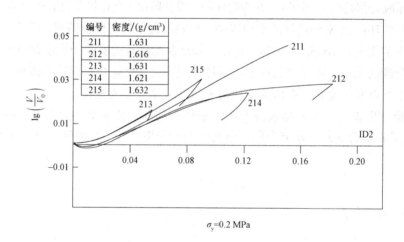

图 4.24　Hostun 密砂的不同 b 值和密度的实验（Zitouni，1988）

从图 4.25 和图 4.26 中八面体表面（见图 4.2）上等偏应变线可以看出，总体上中主应力 σ_2' 对图中等偏应变线的影响不太大。但图 4.25 表明，密砂 b 值对等偏应变线的影响大于松砂 b 值对等偏应变线的影响；松砂 b 值对等偏应变线几乎没有影响。图 4.26 中还给出了八面体表面上各种等偏应变线及莫尔–库仑强度线和最大强度包线。密砂和正常固结土的表现是一样的，即当偏应变较小时，这些等偏应变线呈现圆弧形。但在归一化应力 q/p' 和偏应变 ε_s 空间中，曲线则是不同的，当 b 值低时，曲线的梯度大，q/p' 的最终值也大。

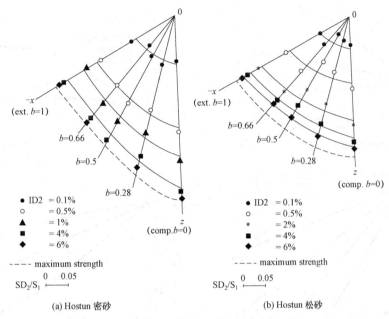

图 4.25　八面体表面上等偏应变曲线（Zitouni，1988）

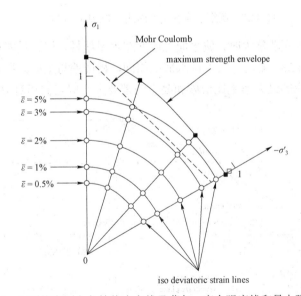

图 4.26　八面体表面上各等偏应变线及莫尔－库仑强度线和最大强度包线

　　不排水条件下，对于正常固结土或超固结土，当 b 值恒定不变时，主应变之间也是成比例相互影响，即主应变参数 $b_\varepsilon = (\varepsilon_2 - \varepsilon_3)/(\varepsilon_1 - \varepsilon_3)$ 也保持恒定不变，但与主应力参数 b 值不相等。主应力参数 b 与主应变参数 b_ε 有一个相位差，这一相位差是主应力参数 b 和材料自身性质的函数（当 b 不等于 0 和 1 时），参见图 4.27。

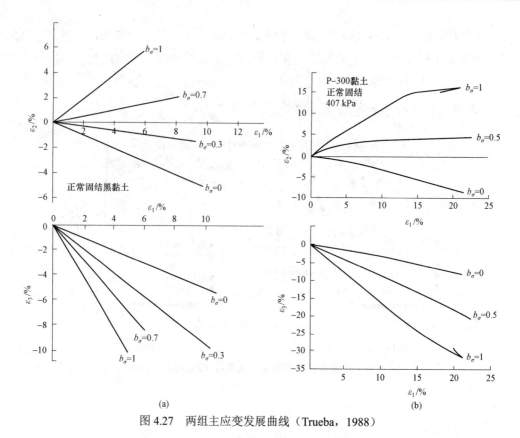

图 4.27 两组主应变发展曲线（Trueba，1988）

　　排水条件下，当应变非常大时，偏平面上应变路径呈线性，但这只能在应变出现局部化以前才能如此，参见图 4.28。此时，与不排水情况相同，相位差与主应力参数 b 和材料自身性质有关。通常密砂所对应的最大偏量比松砂和黏土的都要大，但它们相对应的 b 值却近似相同。

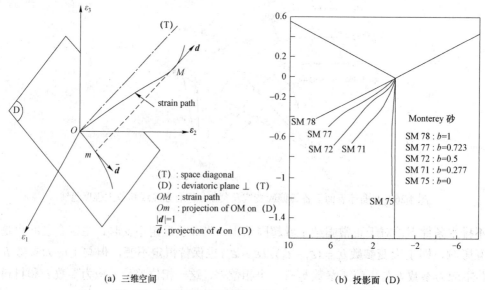

(a) 三维空间　　　　　　　　　　　　　　　(b) 投影面（D）

图 4.28 偏平面上应变路径图示（Zitouni，1988）

在平面应变情况（$\varepsilon_2 = 0$ 下），无论何种土，排水条件下 b 值接近 0.25，而不排水条件下 b 值接近 0.35。不排水条件下 b 值保持不变，即中主应力 σ_2' 不变（因为 $\varepsilon_2 = 0$）。但排水条件下，则不能确定，因为排水时体积发生变化。

4.5.2 中主应力 σ_2' 对强度关系的影响

大量实验结果表明，**伸长实验的摩擦角大于压缩实验的摩擦角**。这一结果隐含着根据莫尔-库仑破坏准则确定的摩擦角 ϕ' 对于不同的中主应力而言，只是一个近似值。另外，大量实验结果还表明，平面应变条件下的摩擦角比三维轴对称压缩条件下的摩擦角要大。

大量实验数据表明，土的强度，不论用 q/p' 值或用 ϕ' 值表示，都会随着 b 值的变化而变化。虽然实验数据离散性较大，但还是可以看到以下规律。

（1）摩擦角 ϕ' 与中主应力相关。当 b 值由 0 增加到 0.5 时，ϕ' 值明显增大。平面应变条件下的摩擦角要比三维轴对称压缩条件下的摩擦角大。

（2）当 b 值超过 0.5 时，ϕ' 值开始出现减小，可能会持续减小到 1，参见图 4.29 和图 4.30。

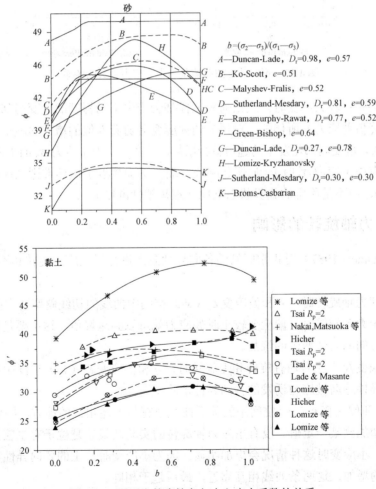

图 4.29 不同土的摩擦角与中主应力系数的关系

一般情况下，当 $b=1$ 时，其摩擦角会大于 $b=0$ 时的摩擦角，有时两者也可能相等（此时 b 值超过 0.5，摩擦角可能不会减小）。

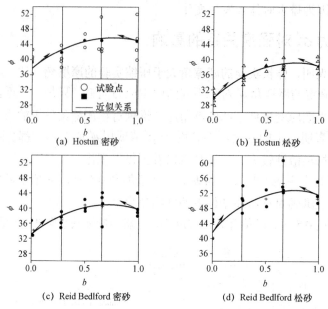

图 4.30 不同砂土的摩擦角与中主应力系数的关系

值得注意的是：较大应变时，无论何种试样都会产生不同程度的应变局部化，而到达峰值偏应力（或峰值剪应力）所伴随（对偶）的偏应变会随着 b 值的增大而减小，这就有力地说明了 b 值越大，应变局部化发生的趋势就会增加，并在具有中主应力 σ_2' 的平面上产生破坏。这种条件下（有中主应力 σ_2' 时），屈服包络线（面）更加接近于破坏准则（此时已经丧失了均匀、一致性），而不是稳定的临界状态准则（理想塑性准则）。

4.5.3 主应力轴旋转的影响

Hicher 和 Lade（1987）对正常固结的各向异性黏土进行了主应力旋转和不旋转的实验，实验结果如下。

（1）无主应力轴旋转时，q 和偏应变 ε_s（$\bar{\varepsilon}$）空间中曲线的切线斜率要大些。

（2）无主应力轴旋转时，偏应变较小时偏应力就可以到达峰值。这主要是初始各向异性使得与其正交方向的土体变硬的缘故。

（3）当大应变及主应力轴有旋转和无旋转时，q 和偏应变 ε_s（$\bar{\varepsilon}$）空间中的曲线趋于相同。初始各向异性逐渐被应力诱发的各向异性消除了。

（4）σ_1'/σ_3' 和偏应变 ε_s（$\bar{\varepsilon}$）空间中的关系曲线也有与上述相似的地方。大应变时，σ_1'/σ_3' 值会有规律地增加到某一定值。没有主应力轴旋转的实验曲线总是位于有主应力轴旋转的实验曲线的上方，小应变时这种情况会更加明显。因为小应变时，土的各向异性特征会更加显著。随着应变的增加，这两条曲线相互靠近，最后趋于相同。

5 剑桥模型的优点和局限性

5.1 剑桥模型的优点

（1）剑桥模型是可以反映重塑土压硬性质的最简单和物理意义最明确的弹塑性模型。

（2）它抓住了反映土体基本性质的三个变量应力、应变、孔隙比之间的关系，而这三个变量被认为是影响土的性质的最基本、最重要的三个量（如果允许仅选择三个量表示土的性质的话，则这三个量是影响最大的，也是首选的三个量）。仅用这三个变量就建立了土的弹塑性本构关系。

（3）其土性参数只有三个（M，λ，κ），并且它们都可通过标准的室内实验测量得到，所以说它是最简单的土的弹塑性模型。

（4）它可以提供土体反应的下限值（重塑土与结构性土相比的下限值），这种下限值是偏于安全的。

（5）剑桥模型与修正剑桥模型是得到公认的为数不多的模型之一，它已经成为土力学中经典的弹塑性模型，并且是土力学中其他弹塑性本构模型的基础或重要参考框架。在剑桥模型基础上，针对剑桥模型的局限性进行改进和修正，仍是岩土材料建模的重要方向。

5.2 剑桥模型的局限性

（1）剑桥模型仅适用于描述常规三轴条件下正常固结或弱超固结重塑黏土的应力应变特性。

（2）压硬性方面，在 π 平面上，不能用于三轴压缩状态以外的强度、屈服特性，如不能用于拉伸和拉剪的强度。

（3）剪胀性方面，只能反映剪缩，不能反映剪胀，适用于正常固结土或弱超固结土，不能用于强超固结土。

（4）塑性软、硬化方面，只能反映硬化，不能反映软化。

（5）不能考虑各向异性和主轴旋转。

（6）不能考虑时间变化（如速率和加速度）和温度变化的影响。

（7）不能考虑土的结构的影响。

（8）仅适用于饱和土。

5.3　剑桥模型的进一步发展

自 1968 年修正剑桥模型被提出以后，人们就开始寻求针对 5.2 节中所列出的局限性问题的研究和突破。目前在这 8 个局限性问题方面都取得了一些进展，本书在此就不做详细介绍了。

参考文献

ATKINSON J H，BRANSBY P L, 1978. The mechanics of soils, an introduction to critical state soil mechanics. London：McGraw－Hill Book Company.

ATKINSON J, 2007. The mechanics of soils and foundations. New York：Taylor & Francis.

BALASUBRAMANIAM, ARUMUGAM, 1969. Some factors influencing the stress－strain behviour of clay. Cambridge: University of Cambridge.

BIAREZ J，HICHER P Y, 1994. Elementary mechanics of soil behavior: saturated remoulded soils. France：Balkema.

BISHOP A W，HENKEL D J, 1962. The measurement of soil properties in the triaxial test. London: Edward Arnold.

BURLAND J B, 1967. Deformation of soft clay. Cambridge: Cambridge University.

COLLINS I F，HOULSBY G T, 1997. Application of thermomechanical principles to the modelling of geotechnical materials. London, England: Proceedings of the royal society of London，1975–2001.

HICHER P Y，LADE P V, 1987. Rotation of principal directions in KP consolidated clay. America:：Geotechnical Engineering, 113: 7.

ISHIHARA K，1996. Soil behaviour in earthquake geotechnics. New York：Oxford University Press.

ISHIHARA K, 1993. Liquefaction and flow failure during earthquakes. Geotechnique，43（3）：351–415.

ISHIHARA K，TATSUOKA F，YASUDA S, 1975. Undrained deformation and liquefaction of sand under cyclic stresses. Soils and foundations, 15（1）：29–44.

JANBU N，1963. Soil compressibility as determined by oedometer and triaxial tests. Proceedings of European Conference on Soil Mechanics and Foundation Engineering，1：19-25

LANIER J，ZITOUNI Z, 1987. Development of a data base using the Grenoble true triaxial apparatus. Proc International Workshop on Constitutive Equations for Granular Non-Cohesive Soils, Cleveland, America：Balkema.

LOUDON P A, 1967. Some deformation characteristics of kaolin. Cambridge, England：University of Cambridge.

PARRY R H G，1956. Strength and deformation of clay. London：University of London.

PARRY R H G，1960. Triaxial compression and extension tests on remoulded saturated clay.

Geotechnique, 10: 166–180.

ROSCOE K H, SCHOFIELD A N, WROTH C P, 1958. On the yielding of soils. Geotechnique, 8 (1): 22–53.

ROSCOE K H, SCHOFIELD A N, THURAIRAJAH A, 1963. Yielding of clays in states wetter than critical. Geotechnique, 13 (3): 211–240.

ROSCOE K H, BURLAND J B, 1968. On the generalized stress–strain behavior of wet clays. UK: Cambridge University Press.

SCHOFIELD A, WROTH P, 1968. Critical state soil mechanics. London: McGraw–Hill Book Company.

SCHOFIELD A, 2005. Disturbed soil properties and geotechnical design. Britain: ICE Publishing.

TAYLOR D W, 1948. Fundamentals of soil mechanics. New York: Wiley.

TRUEBA V, 1988. Etude du comportement mecanique des argiles saturees sous sollicitations tridimen-sionnelles. Paris: Ecole Centrale Paris.

VESIC A S, CLOUGH G W, 1968. Behaviour of granular materials under high stresses. ASCE Soil Mechanics and Foundation Division Journal, 94(3): 661-688.

WOOD D M, 1991. Soil behaviour and critical state soil mechanics. Cambridge: Cambridge University Press.

ZITOUNI Z, 1988. Comportement tridimensionnel des sables. Revue Franaise de Géotechnique, 49: 67-76.

罗汀, 姚仰平, 侯伟, 2010. 土的本构关系. 北京: 人民交通出版社.

赵成刚, 白冰, 2017. 土力学原理. 2版. 北京: 北京交通大学出版社.